U0169993

山顶十四年

迈耶与盖蒂中心

[美] 理查德 · 迈耶（Richard Meier） 著

王晨 译

知识产权出版社

全国百佳图书出版单位

—北京—

This edition published by arrangement with Alfred A. Knopf, an imprint of The Knopf Doubleday Publishing Group, a division of Penguin Random House LLC.

图书在版编目（CIP）数据

山顶十四年：迈耶与盖蒂中心 /（美）理查德 · 迈耶（Richard Meier）著；王晨译. —北京：知识产权出版社，2023.7

书名原文：Building the Getty

ISBN 978-7-5130-8805-3

Ⅰ. ①山… Ⅱ. ①理… ②王… Ⅲ. ①建筑设计—作品集—美国—现代 Ⅳ. ①TU206

中国国家版本馆CIP数据核字（2023）第110424号

责任编辑： 刘　爽　　　　**责任校对：** 潘凤越

封面设计： 研美设计　　　　**责任印制：** 刘译文

山顶十四年：迈耶与盖蒂中心

［美］理查德 · 迈耶（Richard Meier）　著　王晨　译

出版发行： 知识产权出版社有限责任公司　　**网　　址：** http：//www. ipph. cn

社　　址： 北京市海淀区气象路 50 号院　　**邮　　编：** 100081

责编电话： 010 – 82000860 转 8125　　**责编邮箱：** 39919393@ qq. com

发行电话： 010 – 82000860 转 8101/8102　　**发行传真：** 010 – 82000893/82005070/82000270

印　　刷： 三河市国英印务有限公司　　**经　　销：** 新华书店、各大网上书店及相关专业书店

开　　本： 880mm ×1230mm　1/32　　**印　　张：** 7.375

版　　次： 2023 年 7 月第 1 版　　**印　　次：** 2023 年 7 月第 1 次印刷

字　　数： 134 千字　　**定　　价：** 49. 00 元

ISBN 978-7-5130-8805-3

京权图字01-2023-3032

感谢盖蒂中心的所有建设者

译 者 序

我的印象很深，一个周末的下午，洛杉矶阳光耀眼。在社区图书馆的书架上，我偶然发现了理查德·迈耶的这本*Building the Getty*。书的开本方正，与大师常用的白色面材比例相似。多年以来，迈耶以“白色派建筑师”闻名于世，其作品更是长期在业界享有盛誉。如果让我只推荐一处洛杉矶的景点，那一定是盖蒂中心。我忍不住想知道，这个犹如雅典卫城般的山顶建筑群，在建造过程中究竟发生了怎样的故事？

带着这样的好奇，我翻开书再难放下。这不是普通意义上的专业书，而是一本普鲁斯特式的回忆录。作者以轻松诙谐的口吻，充满文学性的叙述，记录了盖蒂中心实现过程中的工作和生活，同时也回顾了自己早年的经历以及各种轶闻趣事。项目的漫长和艰辛远超所有人的预料，从拿到项目邀请函，到与项目完工同期而至的普利策奖，14年光阴荏苒，迈耶用建筑师的成长记录了盖蒂中心的诞生。

在50岁生日那天，迈耶确立了盖蒂中心的设计原则：“有时景观超越了建筑，有时建筑是主角，主导着景观；两者在对话中交织，在建筑和场地的统一中永远拥抱对方。”理想极富感染力，现实过程却充满着冲突与窘境，令人倍感沮丧和挫折，但迈耶相信，这片众人挥洒汗水的场所定能描绘出盖蒂信托的项目理念——“促进文化发展，普惠大众”。这样的信念使他“虽然偶尔心灰意冷，但对项目的激情始终如初”，最终带领团队用高品质的作品诠释了保罗·盖蒂当初捐赠私人藏品的“慷慨精神”。

像处理建筑空间一样，迈耶为读者巧妙搭建了一幕幕颇具戏剧性的故事全景。翻开这本书，犹如沿基地北坡向上，一路完成盖蒂中心的场所体验：看到不同材料细节时的意外惊喜；站在阳光洒落的圆形透明大厅中的感叹；登上屋顶平台，远眺圣塔莫尼卡和圣加布里埃尔山的激动和兴奋……故事中亦有众多著名建筑师、艺术家、业主和建筑与景观作品出场，如果读者能够由此溯源而上，定能有所发现，整个过程也如同迈耶留给盖蒂中心的杜尚式石块谜题一样有趣。

本书的翻译得以完成，首先要感谢吕睿的督促与多方协调；感谢好朋友吴佳璐、莫琳琳在译书之初给予的宝贵意见和慷慨帮助；感谢编辑刘爽，没有她的大力支持和严格把关，就不会有这本书的出版。这是我的第一本译著，错误和疏漏在所难免，欢迎大家指正。

谨以此书纪念我和家人、朋友们在洛杉矶的工作和生活，怀念我们一起在盖蒂中心漫步的日子。

王晨

致谢

本书的面世，离不开众多才华横溢之人的帮助和鼓励。

感谢克诺夫出版社（Alfred A. Knoph，Inc.）的索尼·梅塔（Sonny Mehta）的慧眼和帮助，感谢编辑雪莱·万格（Shelley Wanger）无与伦比的勤勉。同以往一样，马西莫·维格纳里（Massimo Vignelli）为本书做了充满美感的设计，爱丽丝·温斯坦（Iris Weinstein）则巧妙地制作呈现。在作品代理人艾德·维克多（Ed Victor）由始至终的鼓励下，我终于坚持完成了这部作品。我的洛杉矶办公室的洛里·伊斯特（Lori East）专门负责甄辨和誊写我的笔记，纽约办公室的丽莎·格林（Lisa Green）对各方的综合协调更是不可或缺。对所有人，我永怀感恩之情。

最后，尤其要感谢萝斯·塔罗（Rose Tarlow）无尽的协助；在我长期离家旅居洛杉矶的那段时间，感谢我的孩子约瑟夫（Joseph）、安娜（Ana）的爱和包容。

前 言

做盖蒂中心项目之前，我从没想过要写本书来讲讲建筑项目是怎么做的。当然那会儿我还没遇到过如此规模巨大、造价高昂、复杂而且要求极高的项目，为了这个难得的机遇，我把那14年的大部分光阴付之于此。

在整个项目过程中，建筑师们的故事值得一叙，而我的故事只是其中的一个。盖蒂中心项目规模庞大、振奋人心，大家各有分工，也经常发生激烈的观点碰撞。成就来自大家共同的努力，本书很难对他们的付出一一量化和再现。

对我而言，直到今天，盖蒂中心都代表着我职业生涯的至高点。这个“点”并非某个时刻，不是我被选为项目建筑师时，不是设计方案揭晓时，也不是目前项目收尾了、我开始写这本书的时候，实际上，盖蒂中心项目是我个人生活和职业生涯的一段漫长历程。

那段时间，我每月都会往返于纽约和洛杉矶，孩子们慢慢长大，我也华发渐生，跟许多朋友失去了联络。之前的25年，我的工作项目遍布世界，可到了洛杉矶，我不得不考虑全新的工作方式。说起来有些尴尬，甲方根据我做过的作品选中我，却又要求我在这个项目上颠覆过往。

幸运的是，虽然偶尔心灰意冷，但我对项目的激情始终如初。20世纪80年代中期第一次踏勘灌木丛生的基地，90年代初蹚过工地的泥泞，项目临近完工时在现场漫步……每每想到自己能够设计并实现这个项目，我都会感到极大的满足。从布伦特伍德山顶的盖蒂中心俯瞰洛杉矶终于梦想成真了，成功属于所有为之付出努力的人：委托人盖蒂信托，无数的工程师、建筑师、景观设计师、艺术家、艺术史学家、博物馆负责人，当然还有盖蒂的员工们。我始终笃信，我们共同打造的这个作品非常重要，它会为洛杉矶增色，也配得上盖蒂中心的理念——“促进文化发展，普惠大众”。因为这种笃定，14年来我作为建筑师经受了种种考验，依然坚守信念。

CONTENTS 目录

第一章

小试牛刀

1983年10月的第一周，我收到一封信，具体日期已经记不清了。此前我好像是去法兰克福还是亚特兰大了，所以信在纽约的办公桌上放了好几天。我一拆开那封信就立刻被吸引住了，至今记忆犹新。

这是一封邀请函，来自“让·保罗·盖蒂信托基金”（J. Paul Getty Trust，以下简称“盖蒂信托”）。当时这家机构刚成立，接管了巨额资金，寂寂无闻还略带神秘。他们打算在洛杉矶建造一座大型艺术中心，我和其他32位建筑师被列入考察范围。这些当然勾起了我极大的兴味。

如果盖蒂信托早几年发这个邀请函，我恐怕连入围资格都没有。虽然我20世纪60年代初就开始执业，但直到1979年都没收到过大型文化类项目的邀请，所以这次能进入评选我已经很满意了。

1983年对我来说相当重要。当时我的事务所与其他六家事务所一起应邀参加法兰克福装饰艺术博物馆设计竞赛。我们在方案上费了很多心思，但完全没料到会获得一等奖——新博物馆需要融合18世纪的文脉，我的方案却是不折不扣的现代建筑；博物馆藏品是清一色的德国文化遗产，而我这个设计师却是外国人，还是犹太裔，最重要的是，我之前完全没做过博物馆设计。

法兰克福装饰艺术博物馆是个里程碑式的项目。在收到盖蒂信托的邀请函时，我正忙着监督这个项目的施工，同时接手新项目——亚特兰大高等艺术博物馆。职业生涯的前20年，我都在私人住宅和中型文化类建筑上发展，也乐在其中。对于想做的事情，我总能全心投入。

现在我竟然手持一份盖蒂信托的邀请函。我即刻回信表示很愿意参与，也由此开启了职业生涯的新阶段。

1934年10月12日，我出生在新泽西州纽瓦克市的一个自由派犹太中产阶级家庭。母亲娘家的制革生意很红火，本可以进入家族企业的我却早早选择了另一个方向——当建筑师，其实那会儿我压根儿不了解建筑师是怎么一回事。在家乡枫树镇的哥伦比亚高中，我选修了一些艺术、艺术史课程，花了很多时间在家里的地下室画画，把一小块地方辟成了“工作室”。我有一块画板，经常在上面涂涂抹抹，还做些轮船、飞机和房子的模型。我经常翻阅《建筑论坛》（*Architectural Forum*）、《美丽家园》（*House Beautiful*）等杂志，了解建筑设计的最新动向。

16岁那年的夏天，我为纽瓦克的一位建筑师工作，他是我家的朋友。虽然只是端端咖啡、跑跑腿、复印图纸这些活儿，但我渐渐明白设计思路是如何变成建筑实体的。第二年夏天，我在郊区住宅开发项目做屋顶木工学徒。虽然所有的房子都一模一样，但这毕竟是亲手建造、亲身参与，把蓝图变成现实的过程令人兴奋。

申请大学时，我决定学习建筑学专业。当时哈佛和耶鲁的建筑系只有研究生没有本科生，所以我申请了康奈尔大学、宾夕法尼亚大学和麻省理工学院，最终选择了康奈尔，因为它的课程比麻省理工更注重设计。我父亲对此有些失望，因为他的母校是麻省理工。1952年我进入康奈尔大学开始本科学习，修了绘画、艺术史和建筑学的课程，还接触到画家约翰·哈特尔（John Hartell）和艺术史教授阿兰·所罗门（Alain Solomon），他们的课程非常精彩。所罗门教授对我的影响持续很久，他后来成为纽约犹太博物馆的负责人，为贾斯珀·约翰斯（Jasper Johns）和罗伯特·劳森伯格（Robert Rauschenberg）的作品策划了首展，相当前卫。

在康奈尔的最后一年，我为政治学教授阿奇·多特森（Arch Dotson）和他的妻子埃丝特（Esther）设计了住宅。这是个特殊的项目，因为多特森已经打好了基础，我必须就这个基础来设计结构。多特森夫妇在房子周围搞些农业活动，所以他们想要的不只是传统意义上的住宅，还得是个工作室，上面的夹层当卧室。房子连着大谷仓，谷仓里设有壁球场，还得放农具设备。这个雄心勃勃的项目多少超出了他们的预算，但难不倒聪明的多特森教授。当时博德曼大楼（一栋建于1915年的教学楼）正在拆除，他决定先清理大楼的废墟，废物利用。所以，我的任务就是要安装高达12英尺（约3.66米）的巨大木框窗，和每块1平方英尺（约0.09平方米）大小、1英寸（约25.4毫米）厚的漂亮陶土地砖。盖这个房子就像是在搞一幅超大的拼贴画，奇奇怪怪的体验却也不乏启发。

1957年我从康奈尔大学毕业，第二年开始在戴维斯-布罗迪-维斯涅夫斯基事务所（Davis, Brody & Wisniewski）实习并完成专业培训。当时这家小事务所只有三名合伙人和三名助理，凭着公共住宅设计作品在纽约建筑界崭露头角。在这里工作了一年之后，我带着作品集前往欧洲，希望在海外找到“定位”。我一路游历了以色列、希腊、意大利、法国和德国，探寻了远古遗迹，文艺复兴、巴洛克时代和19世纪以来的经典建筑……从某种意义上说，这是我一个人的“壮游”，让自己沉浸在欧洲文明里。

在康奈尔读书的时候，我研究过弗兰克·劳埃德·莱特（Frank Lloyd Wright）、阿尔瓦·阿尔托（Alvar Aalto）和密斯·凡·德·罗（Mies van der Rohe）等现代主义建筑大师，以及我们这一代的查尔斯-爱德华·让纳雷（Charles-Edouard Jeanneret），也就是勒·柯布西耶（Le Corbusier）。通过《走向新建筑》（*Towards a New Architecture*）、《柯布西耶全集》（*Oeuvres Complètes*，收录了设计方案和建成作品），我们熟知柯布西耶早期的白色纯粹主义杰作；其战后作品转向夸张、宏伟的风格，多采用粗糙的木模板浇筑的清水混凝土，也得到了认可。在法国，我参观了1955年建成的朗香教堂和1957年建成的拉图雷特修道院，被柯布的这两座战后风格的伟大作品深深吸引。这种粗野与精致的独特混搭，以及活泼变化的室内光线，在朗香教堂中体现得淋漓尽致。

去欧洲的时候，我怀揣着为这位著名的法兰西—瑞士建筑大师工作的梦想，大着胆子去了塞弗尔街35号（柯布的巴黎工作室）求职，却被直截了当地拒绝了。我不是那么容易打退堂鼓，不到一个礼拜就又去了一趟，还是无功而返，甚至连门口的秘书都没绕过去。过了几天，我碰巧去大学城，当时柯布和巴西建筑师卢西奥·科斯塔（Lucio Costa）联合设计的马赛公寓即将完工，大师刚好在现场，我厚着脸皮接近他，当面提出去他的工作室当无薪实习生。他却回答说无论如何都不会雇用一个美国人，他认为是美国阻挠他成为1927年日内瓦国际联盟总部大厦的设计师，还在战后导致他落选巴黎联合国教科文组织大厦以及纽约联合国总部的设计竞赛。此番受挫后，我离开了巴黎，不过能跟这位伟人面对面也让人很满足了。

不久之后，我去芬兰建筑师阿尔瓦·阿尔托的事务所找工作，但没能和他碰面。赫尔辛基办公室的同事说他很快就会回来，可等了几天后我开始怀疑他还会不会回来。瑞士建筑师卡尔·弗莱格（Karl Fleig，后来是阿尔托事务所的首席助理）告诉我："我们联系不上他。他经常就这么走了，也不知道去哪儿了，然后又突然回来。"在赫尔辛基和芬兰其他地方，我把我能够找到的所有的阿尔托建筑作品都参观了一遍，然后决定回纽约，那会儿我已经出来六个月了。

没能为欧洲大师工作，我转而投奔马塞尔·布劳耶（Marcel Breuer）。这位出生在匈牙利的德国包豪斯建筑师1937年逃到美国，后来设计了纽约惠特尼博物馆。我在罗马的时候就写信给他，得到了工作机会，但当时我还在旅行，不能马上入职，等回到纽约的时候这个职位已经没了。几个星期后，我被SOM事务所的纽约分部聘用了，安排在戈登·邦沙夫特（Gordon Bunshaft）手下，参与耶鲁大学里的拜内克古籍善本图书馆设计。那时候SOM事务所的氛围积极向上，我可以实地了解大公司的运作。我很快就明白了，这个等级制组织由一连串小事务所组成，每个事务所由一名项目负责人牵头。邦沙夫特有巡视办公室的习惯，从一个项目组到另一个项目组，公司鼓励我们这些助理建筑师去聆听他和项目组长之间的对话。做拜内克图书馆的立面设计时，有一天我跟邦沙夫特提到业余时间创作拼贴画，他就想看看我的作品，后来还买了其中两幅。

六个月后，布劳耶事务所放出了另一个职位，我立刻就接受了，这个更小、更亲密的工作环境让人感觉很自在。布劳耶对我很重要，我素来仰慕他在欧洲和美国的作品，同时亟须学着把项目踏实落地。布劳耶的事务所也是金字塔式组织，布劳耶是塔尖，三位合伙人紧随其后，接下来是各种资历的建筑师们作为团队的基础。我在这里参与了新泽西犹太教堂项目（未建成）、法国福勒恩的滑雪度假村项目，但和布劳耶没有太多的接触。

在布劳耶事务所的时候，我又开始画画，还在纽约社会研究学院修了画家斯蒂芬·格林（Stephen Greene）讲授的几门夜校课程，他也在普林斯顿大学任教。通过格林，我认识了他在普林斯顿教过的弗兰克·斯特拉（Frank Stella）。斯蒂芬觉得我上课学画画还不如自己画，于是弗兰克就在他的画室里给我安排了个地方。“你可以晚上在画室画画，”他说，“我只有白天在。”弗兰克后来成为我的终生挚友，他把我介绍给雕刻家卡尔·安德烈（Carl Andre）和摄影师霍利斯·弗兰普顿（Hollis Frampton），他们都是弗兰克在安德沃学院时的朋友。安德烈白天在货运列车上当刹车工，晚上创作极简主义作品；

霍利斯白天是商业摄影师，晚上忙他的电影项目。我们挤在弗兰克在西百老汇的三角形画室里干活，可是画室太小了，后来弗兰克请我们搬了出去。

在布劳耶事务所的第二年，我通过一个共同的朋友认识了迈克尔·格雷夫斯（Michael Graves），他俩都在乔治·纳尔逊（George Nelson）的事务所工作。我和格雷夫斯一起参加竞赛，虽无斩获但在合作中结下了友谊。格雷夫斯业余时间也画画，我们决定一起弄个画室。1962年夏天，我们从画家菲利普·佩尔斯坦（Philip Pearlstein）那儿租了间画室，在东十街。当时这条街是纽约艺术世界的中心，尤其是第三大道和第四大道之间那一地段。威廉·德·库宁（Willem de Kooning）的画室跟我们就隔两个单元，有一天他探头进来瞥了一眼我们的画，然后大摇大摆地走了，好像挺反感。我不由得看着自己的画陷入思考，我的画是简洁抽象的表现主义，大面积的红、白、蓝；格雷夫斯的画则是深蓝、灰色、棕色的斑斓微妙的细碎笔触和纯黑的勾边。不知道格雷夫斯作何感想，但德·库宁的突兀来访和不置一词的态度让我意识到，我恐怕无法在建筑师和画家的位置上都有建树，必须得分清主次。后来我虽然没有放弃拼贴画，但不再画大的作品了。

1963年，在布劳耶事务所的三年实习期快结束时，一对来自普林斯顿的年轻夫妇找到我，丈夫是艺术家，妻子是教师，他们在纽约火岛买了块俯瞰大海的地，想盖栋海滨别墅，但手头只有1.1万美元。我在杂志上看到密歇根州北部一家公司生产预制原木屋，还能定制更简单些的木板房，价格也更优惠，这对我们这点儿预算来说是个福音。于是我提供图纸，让这家公司预制了整栋房子，经卡车、轮渡接力运到岛上。我们用了九天时间，以有限的资金盖起了这栋别墅。组装的时候，我们所有人都在海滩上露营，请了当地的水管工和电工安装设备。差不多十年后，这对夫妻把别墅卖给了梅尔·布鲁克斯（Mel Brooks）和安妮·班克罗夫特（Anne Bancroft），赚了一大笔。这是我的第一个独立作品，我很开心它一直都在。

20世纪60年代初，我住在公园大道和东91街处的一套无电梯两居室里，做些小型委托项目，例如公寓装修。我还开始做些教学工作，和迈克尔·格雷夫斯在普林斯顿大学授课，和约翰·海杜克（John Hejduk）、罗伯特·斯卢茨基（Robert Slutzky）在库珀联盟学院授课。海杜克和斯卢茨基曾是所谓“德州游骑兵”成员，和柯林·罗（Colin Rowe）、沃纳·塞利格曼（Werner Seligmann）、伯恩哈德·霍斯利（Bernhard Hoesli）一起在奥斯汀的德州大学任教。斯卢茨基跟着约瑟夫·阿尔伯茨（Josef Albers）在耶鲁大学研究绘画，他第一个从德州来库珀联盟学院任教，海杜克紧随其后，过来接任库珀联盟学院建筑系主任，30年后的今天仍然在任。

1964年，我父母在新泽西州的埃塞克斯费尔斯买了1英亩（约0.4公顷）土地，让我设计一栋房子。那会儿，我很崇拜弗兰克·劳埃德·莱特的作品，还有幸被小埃德加·考夫曼（Edgar Kaufmann, Jr.）邀请去宾夕法尼亚州米尔润的流水别墅过了个周末。这次体验让我激动万分，对莱特的手法十分着迷。毛石墙从房间内延伸到院子里，室内外空间贯通无虞，只隔着钢骨架的大玻璃，玻璃还直接插进石头里。我觉得这个方法也适合我父母的砖房子，这块住宅用地相当平缓，我就把砖墙拉长，延伸到实际的空间围护结构之外。

“父母宅”的完成为我带来了第一个有影响力的独立委托项目——史密斯住宅。它位于康涅狄格州达里恩的长岛海湾，建于1965~1967年。在这所住宅中，我开始以一种更自觉的方式综合处理空间的穿插和透视，这多少是受柯林·罗、罗伯特·斯卢茨基对物理透明性与现象透明性辨析理论的影响，这些特征从此成为我的建筑体系中不可或缺的部分。史密斯住宅是我的第一个白色建筑，实际上只是把传统的竖向木板墙刷成了白色。那会儿我可没想到后来会被称为“白色派”建筑师，连带着史密斯住宅的白色也成了“顺理成章”。新英格兰的传统护墙板式住宅都是漆成白色，史密斯住宅用了传统材料，也就漆成了传统颜色，但它的空间处理与传统住宅完全不同。

现在我常常想，我的建筑是如何让大众认为有一种独特风格的呢？就是那种永远闪闪发亮、充满光感的白色建筑形象。其实很多建筑师都有同样的困惑，我们都不认为自己的作品属于某种特定的风格，我只能反驳说这么多年我其实是受了许多影响，我不仅仅受现代建筑师勒·柯布西耶、弗兰克·劳埃德·莱特、密斯·凡·德·罗和路易斯·康（Louis Kahn）影响，还受欧洲人文主义传统建筑大师影响，像贝尔尼尼（Bernini）、波洛米尼（Borromini）、布拉曼特（Bramante），尤其是一位不那么有名的建筑师——巴尔塔萨·诺依曼（Balthasar Neumann）。在这些传统影响的基础上，我始终保持现代主义路线，虽然偏爱勒·柯布西耶的作品，但我的现代主义不倾向任何特定流派。“声名狼藉”的白色风格只是表象，源自我对平面构图和空间组合的偏爱，追求虚与实、自由形式与严谨结构之间的对比和韵律，用大面积的玻璃来取得流动空间的统一效果。我专注于自然光线的透射、反射以及明暗对比，用动线设计使建筑空间生动起来。我认为自己的风格是经典的现代主义。我作品中的白色往往被认为咄咄逼人、过于冷漠和严肃，可对我来说，白色一直是宁静之源，它让视线聚焦于颜色和体块，也能很好地呈现出自然光线的早晚变化。

1964年，我遇到了彼得·埃森曼（Peter Eisenman），他比我早一年进康奈尔大学，当时刚从英国剑桥大学任教归来。那一年，我和迈克尔·格雷夫斯、查尔斯·格瓦斯梅（Charles Gwathmey）、约翰·海杜克、彼得·埃森曼一起组成了“CASE”小组，“CASE”是对“环境研究建筑师委员会”（Committee of Architects for the Study of the Environment）这个荒谬名字的带点儿嘲讽意味的英文缩写。我们这个小组1964年秋天在普林斯顿大学的罗利大厦举行了第一次集会。埃森曼将它设想为类似于“二战”前的欧洲国际建筑协会（European Congrès Internationaux d' Architecture Moderne）的美国版。这个团体最初吸纳了很多东海岸建筑师和知识分子，包括来自费城的罗伯特·文丘里（Robert Venturi）和蒂姆·弗里兰德（Tim Vreeland），纽约的乔瓦尼·帕萨尼拉（Givovanni Pasanella）和杰奎琳·罗伯逊（Jacquelin Robertson），麻省理工的斯坦福·安德森（Stanford Anderson）和亨利·米伦（Henry Millon），康奈尔大学的柯林·罗，耶鲁大学的文森特·斯卡利（Vincent Scully）。库珀联盟学院的代表约翰·海杜克和罗伯特·斯卢茨基也在其中，以及卡尔曼/麦肯耐尔事务所（Kallman/McKinnell）的迈克尔·麦肯耐尔（Michael McKinnell），他当时刚刚在波士顿市政厅项目的设计竞赛中胜出。英国《建筑设计》（*Architectural Design*）杂志的技术编辑肯尼斯·弗兰普顿（Kenneth Frampton）专程飞过来参加了这个有着豪华阵容的周末活动。我们挤在罗利大厦里的一个超大卧室里，每个人单独睡一张有四个立柱还垂着花缎帷幔的床，周围都是中式大花瓶以及各种价值连城的小摆设。

这次知识分子狂欢活动的结果就是随之而来的各种会议、晦涩难懂的论文和研讨，其中就包括1969年在纽约现代艺术博物馆举行的研讨会。研讨会由阿瑟·德雷克斯勒（Authur Drexler）赞助，彼得·埃森曼、迈克尔·格雷夫斯、查尔斯·格瓦斯梅、约翰·海杜克和我在会上介绍了手头的项目，柯林·罗和肯尼斯·弗兰普顿对大家的作品给出了正式的评价。1972年，乔治·维滕伯恩（George Wittenborn）把这个研讨会的成果结集成《五位建筑师》（*Five Architects*）。这本书将我们这批年轻建筑师纳入一个松散的联盟，并在国际建筑界引起了广泛的讨论。《五位建筑师》里的作品被看作对罗伯特·文丘里为代表的“现代乡土派”的某种批判性回应，这个流派的理论确立的标志是文丘里1966年在现代艺术博物馆出版社出版的《建筑的复杂性与矛盾性》（*Complexity and*

Contradiction in Architeture）。接下来是20世纪70年代后期“白色派纯粹主义”与“灰色实用主义”之间的论战，以及现代主义和后现代主义之间更加激烈的对抗。在这场论战中，如果我将后现代主义斥为毫无意义的拼凑，将会为自己树敌无数。回头看，其实当时和现在一样，由“五位建筑师”设计的那些白色为主的、严谨抽象的建筑，似乎与美国价值观完全背道而驰，尤其与舒适的郊区家庭生活格格不入。1967年，埃森曼与纽约现代艺术博物馆的阿瑟·德雷克斯勒一起在纽约成立了建筑与都市研究所。在接下来的15年里，这个研究所和它的杂志《对立》（*Oppositions*）成了美国建筑界论战的中心。晚上我们都聚集在那儿听讲座、看展览，这里有英雄主义的氛围，也是个辩证创新的场所。

史密斯住宅在好多建筑杂志上脱颖而出，给我带来了更多私人住宅项目。有一天，我收到詹姆斯·道格拉斯（James Douglas）夫妇的来信，询问我是否愿意出售史密斯住宅的设计图。我回复说不准备卖图纸，但可以用类似的方式为他们设计个新的房子，于是他们把以前在密歇根州北部购买的一小块地委托给我设计住宅。可是，那一片儿的开发商兼承建商要对地块上的所有住宅方案进行评估，我按照要求提供了作品照片后，他们立即拒绝为这个房子提供建设许可证，理由是它没有必备的斜屋顶之类的结构。好在道格拉斯夫妇立即卖掉了这块地摆脱了僵局，并另寻建址，他们在俯瞰密歇根湖的悬崖上找到了一个树木繁茂的地块，于是我有幸在这里为他们设计了一座更壮观的房子。完工后，这所住宅引起了相当多的关注，还获得了美国建筑师协会（American Institute of Architects，AIA）颁发的荣誉奖。这些住宅类的委托项目使我能够尝试截然不同的空间关系，拓展建筑语言。这些房子都选址在偏僻的、田园式的地方，于是我学会了让建筑与周围的自然环境建立起紧密的联系。

1967年年初，我还在做小型的私人委托项目，雅克布·卡普兰基金会（J. M. Kaplan Fund）与国家艺术基金会（National Endowment for the Arts）邀请我把格林尼治村的贝尔电话实验室综合体改造成廉租房和工作室，供艺术家使用。这个项目是当时世界上最大的适应性改造项目，具有一定的开创性。它为艺术家们提供了大约400个公寓和工作室，还为摩斯·坎宁安舞蹈公司（Merce Cunningham Dance Company）和艾伦·斯图尔特（Ellen Stewart）的La Mama实验剧院提供了补贴性质的社区工作室。

20世纪60年代末，纽约州城市发展公司请我在布朗克斯区的东北双子公园设计一个公共住宅项目。受制于基地周围复杂的街道布局，这个项目呈现为三栋多层住宅楼组成的不规则形状，包含200套公寓。这是我第二个集合住宅委托项目，也是我首次尝试为低收入家庭设计一种新的住宅类型。在前后两个住宅项目中，社区户外空间的营造都是整体概念中不可缺少的部分，并且双子公园项目是我在城市背景下设计的第一个新建项目。为了将多层的建筑体块整合到周边棕色石材的低层建筑背景中，我使用了深色的砌体材料。这个项目顺利完工，但后续体验令人沮丧。房子还在，但内部遭到破坏，城市社会环境变得危险、残酷，以至于现在要把建筑围起来才能保证住户的安全。

那一时期的公共住宅实验项目有充足的资金，甚至请得起有名的建筑师，当时大家都觉得理所应当，如今才意识到这是很特殊的。这样的住宅项目现在再也遇不到了，其实是挺可悲的。别忘了现代运动的最初议题就是为大众福利而设计住宅、医院、学校等公共项目，可是自20世纪70年代末以来，建筑师大量转向为私人机构提供服务，这是个很令人伤感的事实。

1970年，在纽约地区的福利类项目戛然而止之前，我有幸接受委托设计布朗克斯发展中心，这是纽约州心理卫生署为身心残障儿童设立的大型疗养中心，要求能够长期容纳约380名儿童，另外包括一个大规模的门诊部，还设置了会议大厅，以及供截瘫患者使用的布置精巧的室内游泳池。这个项目坐落在一块绿化过的三角形废弃工业基地上，是我迄今为止做过的最复杂的公共项目，除了要做成微缩城市，技术上也非常大胆，率先采用了一系列“三明治”式的新型铝材面板。

从康奈尔大学毕业时，我第一次长期出国旅行，从此被欧洲文化深深吸引。1973年，我受邀成为罗马美国学院（American Academy）的常驻建筑师，我想要像路易斯·康那样学习罗马建筑，从中受益，还想带着同事们去欧洲各地研学。古罗马遗址和山城小镇在剧烈起伏的地形上营造出一种永恒感，让我很着迷。对意大利传统色彩、纹理的了解，一直是建筑师成长的必修课，当时我可没有想到，意大利建筑和园林所带来的震撼会对盖蒂中心的构想产生重大影响；产生类似效应的还有我在罗马美国学院任职的最后一段时间里，去德国南部考察巴洛克教堂的经历。

去罗马之前，我注意到如今市民博物馆几乎替代了城市大教堂，而身在罗马，你才能体会到这座城市几乎就是个巨大的博物馆，而且依然上演着鲜活的都市日常，完全没有博物馆的疏离感，真是完美。在这里，你可以观察到博物馆对当下城市肌理的影响，就如同昔日大教堂内外发生的一切。

1975年，在布朗克斯发展中心快要竣工前，我接受了印第安纳州新和谐村游客中心的设计委托。1814年，乔治·拉普（George Rapp）带着创造理想社会的梦想创立了和谐村聚落，还为他的追随者们运来大批藏书，漂洋过海送到瓦布什岸边，这就是所谓的“知识之船”。1825年，社会主义改革家罗伯特·欧文（Robert Owen）重组了这个聚落，进行社会主义实验，还请来英国建筑师斯特德曼·惠特维尔（Stedman Whitwell）为新和谐村做了修道院式的整体规划。虽然这个雄心勃勃的乌托邦大院计划并未实现，但斯特德曼的想法却启发了我。小小的游客中心装不下整个乌托邦故事，我索性把建筑的外形抽象为早年那艘“知识之船”。在我的构思中，新和谐村文化馆（游客中心）高高地“搁浅”在大河冲刷过的岸边，整栋建筑向四面敞开，周边美景一览无余，通到屋顶的折跑楼梯和坡道进一步强调了地势特征。面向小镇的一侧采用几何构图来呼应街区网格，面向河流的一侧则是曲线造型，二者结合成独特的有机体。

对我而言，1977年值得纪念：新和谐村文化馆进入施工阶段，我还忙着在州立博物馆举办“纽约学派展览”，以及古根海姆博物馆的艾西蒙阅览室项目。更重要的是，我在哈佛大学设计系研究生院担任客座教授期间遇到了我后来的妻子凯瑟琳·戈姆利（Katherine Gormley），她当时是那儿的学生。两年后，新和谐村文化馆落成之时，我们的第一个孩子约瑟夫出生了。

做新和谐村文化馆项目的时候，我被选为哈特福德神学院（Hartford Seminary）的设计师，这是康涅狄格州哈特福德近郊的一个神学中心。受到神学院项目的影响，我强化了新和谐村文化馆的公共属性，在我的建议下增加了图书馆、会议室、小礼拜堂和几间教室。神学院的设计必须体现出双重性：既要有学术的、沉浸式的氛围，又得为大众提供一系列公用设施。

1979年，我受邀参加法兰克福装饰艺术博物馆的设计竞赛，这可是个决定命运的时刻。参赛者有我的美国同胞罗伯特·文丘里、来自维也纳的朋友汉斯·霍莱因（Hans Hollein），后来他俩并列二等奖，还有捷克的诺沃特尼和马赫事务所（Novotny and Mäther），以及德国的三家事务所：海因茨·莫尔事务所（Heinz Mohl）、霍尔辛格和戈普费尔特事务所（Holzinger & Goepfert）、特林特和昆西事务所（Trint & Quasi）。这个名声赫赫的项目预示着越来越多的外国建筑师参与到德国的设计竞赛和工程项目中。

我们的博物馆方案十分现代，但充分考虑到与周边环境的契合。基地面向莱茵河主干，旁边是建于18世纪的梅茨勒别墅，沿博物馆街款款而立，它比例优雅的立方体外形对我们的方案有明显的影响。因为项目要求将这栋原有的别墅整合到新的方案中，所以新博物馆就沿用了别墅17.6立方米的体块单元。方案由三个大小相当的立方体展馆组成，每个立方体占据基地的一角，围成一个斜向的、不对称的庭院，主轴延伸到邻近的公园景观中。新博物馆和梅茨勒别墅之间架起一座玻璃桥，玻璃坡道和楼梯进一步强调了新博物馆的空间序列。与传统装饰艺术展示方式不同的是，我设计了大型嵌入式展示装置，让藏品以一种现代的方式来展示。

因为有了法兰克福装饰艺术博物馆，我在1980年又得到了乔治亚州亚特兰大高等艺术博物馆的项目委托。当时评委会只是看了法兰克福装饰艺术博物馆的设计图、模型，就认定我有能力处理新项目的公众服务需求和文化传播需求。1980~1983年，我在相距4000英里（约6437公里）的两个城市之间往返，设计两个差异很大的博物馆，它们文化背景不同，客户群体不同，藏品不同，周边环境也不同。这两个城市规模相当，文化遗产特征却很难比较，装饰艺术博物馆只是法兰克福的15个博物馆之一，而亚特兰大高等艺术博物馆却是当地视觉艺术的主要研究机构。

在亚特兰大高等艺术博物馆设计中，我通过一个顶部采光的中庭坡道交通系统向莱特的古根海姆博物馆致敬。这个核心空间也是室内公共广场，我希望它能像古根海姆博物馆的中庭那样，可以举办音乐会、戏剧表演等公众活动，后来也确实如此。古根海姆博物馆的展览空间是螺旋式的，而亚特兰大高等艺术博物馆的参观者则可通过漫步坡道一路观赏室外风景，来到相对独立、私密的各层展厅参观展品。和以往的设计相类似，只要不影响展示效果，我都会设法让自然光进入中庭，来营造一种自由自在的感觉。

如果说我做的公共建筑有什么与众不同之处，那就是它们都与城市步行系统非常契合。例如1986年我设计的荷兰海牙市政厅和图书馆项目（复杂的政治因素导致用了快十年才完工），中庭高达11层，玻璃顶，出入口都开在马路上，以免访客觉得像被困在没头没尾的迷宫里。人们只要一走进建筑，就可以很迅速地确定方位，绝不会在数英里长的走廊里迷失方向。即使在阴天，巨大的中庭也洒满自然光，不只为访客，也为中庭两侧办公室里的员工提供了活跃的氛围。

这个项目再次证明：建筑师的终极角色不仅仅是创造具体的建筑形式，还需要谋划建筑主题和使用方式。比如在海牙项目里，我们把议会大厅设计成对公众开放的形式，人们还可以旁听。而且这个议会大厅在最初的任务书里根本就不存在，具备如此重要的政治功能的议会大厅竟是在建筑师的坚持下才加进来的。

乌尔姆会展中心1993年落成，这个项目来自1986年在德国举行的设计邀请赛。这次的任务不仅是设计建筑，还包括其所在的城市空间——蒙斯特广场，广场上矗立着528英尺（约161米）高的有着哥特式尖塔的乌尔姆大教堂。作为城市的核心区，这里在1944年的轰炸中遭到严重破坏，20世纪50年代仓促重建的建筑并无特色。我们设计的建筑高度同广场周围现有建筑一致，是纯粹的现代风格，朝向大教堂的一面以浅棕色花岗岩为饰面。作为文化中心和展览馆，这栋建筑外形很显眼，在广场和周围的街道上都设有出入口，外窗和天窗勾勒出不断变化的广场和大教堂的景色。

巴塞罗那当代艺术博物馆项目对城市的影响就更显主动，博物馆建在巴塞罗那历史中心兰布拉斯附近一片拥挤破败的区域中心，意在成为城市更新的催化剂。就像20年前巴黎蓬皮杜中心主导了巴黎玛莱地区的再生，巴塞罗那当代艺术博物馆也同样牵动了整片城区的复兴。

在这个项目中，我们在古修道院和15世纪的教堂之间腾出一块地方，精心嵌入一个白色矩形结构，不破坏现有的建筑。公众可以在博物馆内自由活动，还可以把它当成穿梭两侧城市空间的通道。我们希望新的广场空间能够形成社交磁场，把游客、街头艺术家和小贩吸引到博物馆来。在博物馆内部，沿着朝向广场的玻璃幕墙设有上升坡道，人们可以体验到公共活动的氛围。

邀请我来设计这座建筑的是巴塞罗那杰出而富有魅力的市长帕斯夸尔·马拉加尔（Pasqual Maragall），为了迎接1992年的奥运会，他主持巴塞罗那的城市现代化建设工作，而且已经安排了不少本土建筑师和外籍建筑师来承担重要任务。第一次见面，他只是简单地问了问我在这个城市里有什么想设计的东西，我的答案是博物馆，于是他用了两年时间找到一个财团来资助这个项目。除了城市基金，这座博物馆最终得到了约尔迪·普约尔（Jordi Pujol）主席领导下的加泰罗尼亚地方政府的资助，以及莱奥波尔多·罗德（Leopoldo Rodés）牵头的私人艺术赞助委员会的资助。

不过即便在欧洲，这样的资助计划也很少见。大型项目如果用的是纳税人的钱，就必须通过设计竞赛来选定建筑师，并且严格遵循国际规则。尽管如此，建筑师在欧洲比在美国更受关注——建筑师在公众视野里有名有姓，设计方案在博物馆公开展示并且得到广泛讨论。独立评审团选定的方案，业主就算不太中意也得接受；在欧洲某些国家，建筑一旦落成，没有建筑师的批准就不能随意改动。

相比之下，在美国几乎没有任何设计竞赛，选建筑师往往看声望，而不是看具体方案。当然这个竞争过程也相当激烈，但是评委会的判断依据是建筑师以往的作品，而不是针对本次设计任务的方案。建筑师一旦被选中，他就必须拿出能满足客户需求的设计。美国的评选体系是否比欧洲体系更优还有待商榷，但无可争议的是，在美国，手握钱袋子的客户说了算。

1983年10月，收到盖蒂信托的邀请函时，我已经在美国和欧洲两种体系下都有实践。我也了解这次评选的竞争将会相当激烈，因为候选名单上有全球最好的33位建筑师。不用说，每个人都摩拳擦掌。

第二章 花落谁家

保罗·盖蒂1976年去世时，加州马里布有个以他名字命名的博物馆，收藏了价值连城的古希腊和古罗马艺术品，以及大量文艺复兴时期、巴洛克时期的绘画和18世纪的法国装饰艺术作品。然而，这位石油大亨的文化遗产远不止这些。他去世后，把盖蒂油业（Getty Oil）一部分股票遗赠给了博物馆，这些股票后来成为盖蒂信托基金，在1982年已价值7亿美元。

基金运作之初，按规定每年抽出4.25%用于艺术相关的项目，他们立即开始研究怎么用好这笔专项资金；到了1981年，美国证券交易委员会前主席哈罗德·威廉姆斯（Harold Williams）任盖蒂信托总裁，着手制订了一系列颇具野心的计划，除了沿着保罗·盖蒂制定的方针继续扩大藏品规模，他们意识到盖蒂信托还可以在促进艺术研究方面做更多事。他们考虑了艺术史研究、文物保护、教育和博物馆管理等新项目，以及向其他艺术机构、学者提供各种艺术研究和文物保护项目的资助，同时决定扩展盖蒂信托的公共职能，建一所带常规附属设施的博物馆，并且这个博物馆要成为独一无二的、世界级的艺术文化研究机构。

1983年，盖蒂油业收购了德士古公司，最初的7亿美元资金飙升至170亿美元，意外的收获使基金管理者更加雄心勃勃，重新进行了整体规划。他们在西洛杉矶购买了110英亩（约44.5公顷）的山顶地块，打算建造一座占地约24英亩（约9.7公顷）的艺术中心，最初的定位为大型艺术博物馆，同时为盖蒂信托提供活动场所。

对我来说，这件事情始于1983年9月30日比尔·莱西（Bill Lacy）寄来的邀请函，他当时是评委会的建筑顾问。邀请函上提到项目预计成本是7500万美元至1亿美元，将邀请33位国际知名建筑师提交材料，选出六家事务所参观场地并与评委会见面，评委会从中选出三家，以不排序的方式推荐给盖蒂信托总裁，最后提交给董事会进行决定。

1983年10月25日，我复函表明将会提交我们的相关资质证明供审议。11月1日，我向评委会提交了相关材料，并简要介绍了我的设计理念。

> 对建筑师而言，这个项目极具挑战性。作为集博物学、文化和教育功能于一体的独特机构，盖蒂艺术综合体（Getty Art Complex）将对加州、对美国乃至对全世界的文化生活产生重大影响。作为盖蒂信托的首要项目，必须确保盖蒂中心在艺术史和建筑方面都能代表盖蒂信托基金的卓越水准。我们事务所有能力应对这一挑战，也期待能在这个项目上一展身手。我们所有的作品都基于同一理

念——将美学、环境和功能整合进建筑学的当代视野中，无论从哪一方面说，这样的格局既饱含激情又符合人性。

尽管我当时没什么精力去考虑这个项目，也不是很清楚盖蒂信托的期待，但还是非常积极地参加评选。我提交的资料包括亚特兰大高等艺术博物馆和法兰克福装饰艺术博物馆的照片和图纸，新和谐村文化馆、康涅狄格州哈特福德神学院相关资料，还有其他两个小项目的信息，尽量展示我们事务所在博物馆和类似公共项目上的经验。

除比尔·莱西外，评委会委员还包括加州大学圣克鲁兹分校艺术史系主任雷纳·班纳姆（Reyner Banham），加州大学伯克利分校环境设计学院院长理查德·本德（Richard Bender），戴顿–哈德逊公司执行委员会主席、国家艺术委员会前委员肯尼斯·戴顿（Kenneth Dayton），费城艺术博物馆馆长安妮·德·哈农库特（Anne d' Harnoncourt），曾任《纽约时报》（*New York Times*）建筑评论家的艾达·路易斯·赫克斯特布尔（Ada Louise Huxtable），曾任哈佛大学伊塔提（I Tatti）意大利文艺复兴研究中心主任和纽约大学美术学院院长的克雷格·休·史密斯（Craig Hugh Smyth）。此外，代表盖蒂信托的哈罗德·威廉姆斯和南希·英格兰德（Nacy Englander）以无投票权成员的身份参加。委员会在1983年11月23日就给出了反馈，比尔·莱西通知我进入下一轮，这意味着1984年年初，委员会将考察我的建成项目，并找我的客户们调研，然后大概在1月底的时候召我至洛杉矶，接受评委会全体成员的面试。

莱西的信中没有透露最初名单上的33家事务所现在已经减少到七家（不是原先预计的六家），但后来我得知贝聿铭事务所（I. M. Pei & Partners）、贝蒂和麦克事务所（Batey & Mack）、文丘里–劳赫–司考特·布朗事务所（Venturi, Rauch and Scott Brown）、詹姆斯·斯特林和麦克尔·威尔福德事务所（James String, Michael Wilford）、桢文彦事务所（Fumihiko Maki and Associate）、米切尔和吉古拉事务所（Mitchell/Giurgola）也进入了第二轮。这些人都声名赫赫，但在建筑主张及哲学立场上大相径庭，所以他们出现在同一份名单上让人有些诧异。评委会怎么会同时认为文丘里"低级趣味"式的流行主义风格、斯特林的晚期新古典现代主义都适合盖蒂中心？同样，贝聿铭的融合式风格、我的新纯粹主义风格以及代表年轻流行文化的贝蒂、麦克又怎么跟桢文彦这样精益求精的资深建筑师放在一起考虑？搞不懂盖蒂信托究竟想要找哪种建筑师。而且这个七人名单中只有两个外国人，也挺让人惊讶的。

当时我还与评委会的成员理查德·本德进行了一次谈话。

他保持着必要的谨慎态度，但还是指出了评委会委员重视的一些要素。于是我把注意力集中在盖蒂中心项目的独特性上：重要的选址、南加州独特的气候和光照，还有它必须成为一栋经得起时间考验的建筑。我没在美国西海岸做过设计，但此时已经意识到必须充分考虑当地独特的气候条件。

在向评委会陈述我的想法之前，甚至早在评委会参观我的作品之前，我已经察觉到某些委员对我的抽象现代主义风格的顾虑。我偏爱自然采光的现代空间，但他们明确表示倾向于柔光的展厅，倾向于对展品按年代进行划分。

1984年年初，评委会成员开始参观入围建筑师们的主要项目，我的作品有亚特兰大高等艺术博物馆、新和谐村文化馆和法兰克福装饰艺术博物馆。他们要去的项目很多，有些难免看得匆忙，比如在亚特兰大和新和谐村。好在我能够陪同他们参观，借此机会强调一些我认为与盖蒂中心的设计相关的要点。

1984年4月19日，我和其他候选人应邀到洛杉矶向评委会进行陈述，更充分地说明自己的想法。3月27日，我就收到莱西的来信，提到约翰·沃尔什（John Walsh）和库尔特·福斯特（Kurt Forster）被任命为盖蒂中心的主要负责人，并进入评委会。他还附上了盖蒂美术中心（J. Paul Getty Fine Arts Center）的计划草案。

当时，建筑计划只有三个组成部分：人文与艺术史中心（后来改名为人文与艺术史研究所）、保护研究所、博物馆。此外，草案中规划了一个500~600人规模的独立讲堂，以及一些小会议室。刚创建的人文与艺术史中心暂时设在圣塔莫尼卡，这个中心计划设有世界级的图书馆、艺术品的照片档案库，以及可以随时容纳20~40名国际学者的研究所。保护研究所也是刚成立，暂时在马里纳德雷，使用尖端技术进行全球范围的艺术珍品修复，意在进入国际前列。博物馆将容纳保罗·盖蒂收藏的油画、素描、装饰艺术和手工绘本等藏品，但不包括古希腊和古罗马时期的藏品，这部分藏品会留在马里布的博物馆。另外，博物馆还得为藏品的增加和举办临时展览提供扩展空间。

莱西向我们介绍面试程序：每位候选人与评委会和无投票权的观察员会晤90分钟，另外留出30分钟，他们会与每个候选人在摄影机前讨论。评委会这次不想再看幻灯片、照片和以往的设计草图，也不看对这个项目的针对性构想，面试就只是谈话，每人有大约一个小时的演讲时间，再加上问答的时间。

有趣的是，当时盖蒂信托显然对这个项目的最终规模、范围和成本没什么概念。莱西1984年3月27日来信说，在原有的110英亩基地以北收购了600英亩（约242.8公顷）土地，新增地块仅作储备，对本次项目没什么影响。那110英亩的用地规划本来是35座独栋住宅，正在申请规划变更为盖蒂中心用地。有点不妙的是，他还说：初步判断新项目的场地覆盖率与先前的住宅方案大致相同。

我在面试的前几天去了洛杉矶，抓紧时间熟悉一下基地和周边环境，虽然以前也来过这座城市，但还是知之甚少。洛杉矶的城市规模和郊区化程度再次让我惊讶，这里竟然没有任何明确的中心，和我熟悉的纽约完全不同。有些很有名的社区，比如贝弗利山庄、贝莱尔、好莱坞、圣塔莫尼卡、布伦特伍德，这些我都听说过，但很难把它们彼此联系起来。那时我有个宏伟的构想：夕阳落在圣塔莫尼卡的日落大道，朝阳升起在我熟悉的长岛蒙托克日出大道，太阳横跨美国大陆的轨迹似乎在说加州是美国的最远端。

不提这些瞎想了。洛杉矶的一切似乎都显得有那么点儿说不上来的轻飘飘，在日落大道抵达太平洋的地方，我以为能看到激动人心的、有点儿仪式感的场景，至少得让跨越大洋而来的客人知道：终点到了！但实际上，这里只有一家叫“格莱斯顿四条鱼”的本地海鲜饭馆。我不禁想到也许有一天，盖蒂中心会为这个具有象征意义的轴线画上更好的句号。

我参观了马里布的盖蒂博物馆，藏品非常棒，但是编组方式有些怪：古希腊和古罗马艺术品、15~18世纪的欧洲绘画和雕塑，以及18世纪法国装饰主义风格家具藏品都放在一起，按照年代分到不同的展室，总体显得支离破碎。建筑本身是代帕帕里别墅（Villa dei Papiri）的仿建，古色古香的，但不真实。公元前79年维苏威火山爆发时，赫库拉尼姆附近的这座别墅原型被埋在了地下，现在能参考的也只有关于其范围、规模之类的一些碎片式考古证据。博物馆临海的花园十分壮观，但是游客只能通过位于庭院下的地下停车库走进来，古典气质就大打折扣。当我在上层漫步时，吸引我的反倒是博物馆的其他方面，尤其是庭院空间，那种开放的感觉，以及画廊与花园的直接对话关系。我认为这个博物馆的独特之处在于它近人的尺度，以及可以在室内和室外自由穿行，很好地利用了气候条件和基地特征。在洛杉矶，阳光似乎能照射到花园的每一个角落。我第一次踏勘盖蒂中心的基地时，天气格外好，能见度极佳，我马上意识到，光线和空间才是加州体验感的核心。

基地位于一座小山丘上，保持着天然状态，东坡陡降，朝向圣地亚哥高速公路；西坡和缓，对着林荫中的布伦特伍德豪华住宅区。1961年贝尔艾尔那场大火窜过高速路烧毁了这里所有的林木，现在到处都是灌木丛，野生动物很多，有鹿、蛇、郊狼、狐狸和数不清的鸟类。前业主将这块地出售给盖蒂之后，去做葡萄栽培生意了。他以前在山顶建了个小平台，喜欢从这里朝下面的野地打高尔夫球。后来我搬到这里，每天在这片儿区域走动，找到了不下100个高尔夫球，简直被他打得到处都是。这里没有什么太抢眼的自然美景，但地形等高线的变化极为多样，从各处的高点看出去，景色都很壮观。

有一次，我沿着灌木丛里的小径走，穿过一片起伏地带，来到了场地最南端的一个高点，站在这儿就像站在一处海角边，向东远眺圣加布里埃尔山脉，向南看到洛杉矶，向西是圣塔莫尼卡和太平洋。在基地的其他部分，因为有灌木丛的遮挡，看不到远处的这些风景，但也有个好处——在看不到高速公路的地方也就听不到路上传来的噪声，身处户外也能享受相对的宁静。我在心里记下了这一点，想让游客们在进出盖蒂中心时，不会时刻意识到山下不远处就是城市。

1984年4月19日与评委会委员见面时，我把这次面试当成一场讲座，看着笔记一边讲一边即兴发挥。开场回顾了我在欧洲和美国的从业经验，接着讲到我认为建筑师应该把欧洲的永恒理念和历史感与美国开放、灵活、创新的态度结合起来。我还谈了对洛杉矶这座城市的感受，它的空间特质、城市天际线、气候和光线，所有这些都可以为创作提供丰富的可能性。

我还提出，博物馆作为“集体记忆”的载体，应该是一个饱含灵感和魅力的场所。博物馆将是基地上最重要的建筑，同时也是依地势分布的、内部相互关联的建筑群的一分子。我还构思了一个水平向的空间，把不同标高的庭院相互连通起来。我谈到各种尺度的房间，可以朝向景观，也可以朝向各种内部空间、外部空间，还谈到古罗马人对石材的使用以及它传达出的永恒感。我引用了哈德良别墅作为博物馆学的典范——古老的残迹静静地镶嵌在风景如画的原生态环境里。我意识到，甲方有些担心艺术中心的整体外观过于庞大、招摇，可是场地的条件就是那样，城堡似的特征几乎不可避免，就像托斯卡纳山城一样。可是，不管地形条件怎么样，盖蒂中心都没必要掩饰，作为致力于艺术发展的机构，最重要的是展示强大的理想主义和自信。最后我承诺，如果中选，会集中全部精力做这个项目。

随后的问答环节也探讨了类似的话题。委员们不关注我以往的项目，就连我对新项目的初步设想，他们也没太大兴趣。相反，我们谈论了一些务虚的问题，比如我的作品与建筑历史的关系，以及我如何协调客户的不同立场，甚至是相互冲突的立场。之后，评委会进行非公开会议，我回纽约等通知，觉得自己应该能入选下一阶段，继续深入到这个耗时耗力的项目中。

四天后，也就是1984年4月23日，比尔·莱西发来电报：我和桢文彦、斯特林一起进入最后一轮。他代表评委会向我表示祝贺，并以无可挑剔的礼貌表示：他们非常重视这个进一步了解我作品的机会，很快就会有人向我介绍下一步的评选过程。

评委会选择我们三位建筑师似乎有一定的逻辑：我们都坚持创作经典的现代主义传统作品，每人都设计过一个重要的博物馆，而且都是最近刚刚落成。英国建筑师斯特林做了德国斯图加特的斯图加特新美术馆，桢文彦做了指宿的岩崎艺术博物馆，我做了亚特兰大高等艺术博物馆和法兰克福装饰艺术博物馆。我当时不认识桢文彦，但和斯特林是老朋友了，20世纪60年代末到70年代他在耶鲁大学教书，那会儿经常到我纽约的公寓过周末。这一次我们是对手，但终生都保持着牢固的友谊。吉姆（斯特林昵称）是英国新野兽派运动成员，但他向来支持我的作品，当我最终被选中时，他也报以一贯的慷慨热情。

到下一阶段，莱西最初的评委会解散了，以哈罗德·威廉姆斯为首的新的评委会负责终选工作。新评委会也渴望看一看最后这三位建筑师近来的作品，对我来说，就是要再去一次亚特兰大和法兰克福的博物馆，还有哈特福德神学院。新评委会的委员包括信托基金总裁和首席执行官哈罗德·威廉姆斯、南希·英格兰德（继续负责建筑计划分析）、1983年10月任命的博物馆馆长约翰·沃尔什、刚刚任命的人文与艺术史研究所主任库尔特·福斯特，比尔·莱西继续担任建筑顾问，还有约翰·菲（John Fey）、乔恩·洛夫莱斯（Jon Lovelace）、罗科·西利亚诺（Rocco Siciliano）和帕特里克·惠利（Patric Whaley），他们都是盖蒂信托的董事会成员。新的委员会就任后，我们一起去了法兰克福等地，很快就熟悉起来。

5月初的时候，就在进入最后一轮名单不久，我获得了普利策建筑奖。这个奖项在当时已经广为人知，被称为建筑界的诺贝尔奖。这是个惊喜，我之前压根儿没想过有这个机会，所以非常激动。这也是个巨大的荣誉，那时候菲利普·约翰逊（Philip Johnson）、路易斯·巴拉干（Luis Barragán）、詹姆斯·斯特林、凯文·罗奇（Kevin Roche）和贝聿铭都得过这个奖了，我49岁，当时是最年轻的获奖人。我不知道盖蒂中心评委会是不是受到了这个奖项的影响，估计可能性不大。

1984年4月到10月的这一时期有些令人不安，我既期待又忐忑，感到很焦虑。同时也忙得不可开交：为法兰克福装饰艺术博物馆项目收尾，设计得梅因艺术中心（Des Moines Art Center）附属工程，准备慕尼黑西门子总部的竞标。尽管有这些事情忙，盖蒂中心的评选还是在我头脑里挥之不去。建筑杂志一直在追踪猜测谁会最终获胜，我不断地带评委会成员参观我设计的博物馆，在纽约办公室接待他们，回答无穷无尽的问题。评委会也忙于在美国、欧洲和日本参观考察建筑。

我和评委会慢慢熟悉起来，尤其是和哈罗德·威廉姆斯、南希·英格兰德、约翰·沃尔什和库尔特·福斯特。在前期的这些接触中，我再次意识到评委会的某些成员对我的“白色”建筑颇有顾虑。我则秉承一贯的态度表示，如果我来设计盖蒂中心，会谨慎地选择建筑材料，既要适合基地，又要适合建筑特点。这个建筑群并不一定是白色的，我倾向采用一种釉面金属框自洁面板，能够实现正交平面和曲面之间的平滑过渡，是一种出类拔萃的技术，而且我在其他项目中验证过。

在莱西的坚持下，我答应写一写关于盖蒂建筑群的总体设想，特别是建筑材料的使用。我详细阐述了之前在面试中表述过的立场，尽管他要求简短，但我最终写满了四页寄过去，这也许是我作为建筑师最明确有力地表达立场的一次。我的确对白色有偏爱，但这次选用的材料必须能在山顶上创造出坚实、永恒的形象。这封信写于1984年10月12日，我50岁生日那天，是我首次将盖蒂中心的设计原则完整地付诸文字，全文如下。

亲爱的比尔：

作为对你来信的回应，在盖蒂信托的艺术综合体项目中，我想就建筑材料的使用方法做一些探讨。建筑是一门有形的艺术，是空间的具象化处理。在功能组织、基地条件、地域环境和建造技术等综合因素的限制下，建筑师必须用材料和质感来实现建筑表达。建筑不仅是眼睛和心灵的栖所，还意味着全身心的体验和感受。每种建筑形式都与人类的经验有关；对每种经验的建筑化诠释，都必须通过对形式和空间的既直观又感性的体会来实现。盖蒂综合体所在地山势壮阔，建筑师必须做出细致合理的应对：各个单体之间和谐自然，恰当的序列，良好的比例、韵律和呼应，准确的细部处理，结构的整体性与妥帖的功能组织，以及对人体尺度的重视。所有这些问题都与材料的选择密切相关。

综合体的体量、肌理、空间等实体要素的构成和特性，都是对基地特性的理解和回应，也是从功能需求中推导出的拓扑结论。同时，为了确保建筑群的整体性，材料的选用必须基于一个主导性的概念，在我以往的作品中，这个概念就来自建筑形态与自然形态的互补，不是对立的互补而是和谐平衡的互补。

除了地形，基地的日照条件也很出色。这里的自然光线美得震撼，我不得不说，加州的金色阳光会让任何一个从东部来的人感到陶醉。我想在墙体留一些开洞，让炫目的光线倾泻而入，投下明快生动的阴影，南加州灿烂明亮的蓝天下的建筑真令人期待。我脑海中的综合体是水平层叠的空间，通过错落的庭院相互连通，大大小小的房间都面向绿地，所有的室内外空间的设计既要适应地形条件又要考虑展品的特性。

我对盖蒂中心的设想，除了有美国式的开放、温暖、灵活和创新，更要有欧洲式的专注、永恒与历史感。材料的选用也要凸显出与山峦共存般的稳固。好的建筑需要整合城市的宏伟与人的尺度，协调装饰的简洁与材料的丰富，着力技术创新的同时尊重历史。基于这些考虑，盖蒂中心应该由几个大的体块组合而成，材质上则是不同质感搭配的轻巧精致的网格。大体块的外立面材料也应该是厚重的，看起来坚若磐石、稳固持久，比如花岗石（光面或糙面）、洞石、大理石、砂岩、石灰华。墙面和地面使用的石材面层在尺寸和质感上有丰富的变化，用近人的尺度的面层处理来抵消大的体量带来的压迫感。

与石材相配合的可能是铝、青铜、镀镍、不锈钢等材料制成的面层或结构构件，以及各种玻璃，当然这些材料的选用也都要考虑到南加州的气候。基于这样的体量和材质，我们不难想象盖蒂中心的氛围：体量庞大的围合空间，同时又开放、轻盈、通透。

当然，这不是简单的对比关系，而是综合考虑选址条件，在地形、历史背景、建筑功能以及平面布置的灵活性等要素间取得平衡。我也在考虑西班牙殖民地风格建筑中大片白色灰泥墙所产生的美妙效果，没准儿也适合这里，也许是用灰泥，也许是用一些更精细的材料，取得类似的纹理和致密感。这类材料还可以沿用到一些更亲切、更私密的空间里，这些地方虽然不那么正式，也得有经典的质感。

当然，材料的选择和整体的色彩倾向，必须全盘考虑面材和建筑组件之间的关系。既要着眼大局，又要照顾到细节，从檐口、屋顶材料、天窗、五金件、机械和电力设备……一直到景观以及室外家具。

室内材料（这里主要考虑博物馆）的选用，最重要的是凸显藏品的主角地位，根据每个空间的展示内容的不同，墙面、地面、顶棚也要有相应的特性。也就是说，背景不一定是清一色的粉刷墙面，而是要顾及空间尺度、格调和氛围，以及参观者的兴趣点和愉悦度来进行选材，从硬质木材到柔软织物，都可以选用。

当然，室内与室外的处理是相关的，并与整体建筑概念不可分割，室内外选材的首要条件都是满足功能需求和耐久性。最后，我认为所有的材料都应该在现场的自然光线条件和色彩背景下进行实地观察。提供足够的材料样品和测试样板，建等比例的室内样板间，经过现场测试和充分的研究讨论之后才做决定。

闭上眼睛，我看到在嶙峋的山坡上伫立着一座经典建筑，它优雅宁静、穿越时间，就像亚里士多德式结构再现于此。有时景观超越了建筑，有时建筑是主角，主导着景观；两者在对话中交织，在建筑和场地的统一中永远拥抱对方。我的思绪一次又一次回到古罗马，回到哈德良别墅，回到卡普里阿罗拉，体会序列、空间、厚重的存在及秩序感，寻找建筑和景观彼此拥有的方式。盖蒂建筑群的选材，必须体现加州历史和地方传统，体现加州的颜色和质感，体现加州的开放、温暖和舒适，体现建筑本身永恒的传统。恰当的选材，加上稳固精致的结构，就会造就出优雅、美好的处所，以清新、永恒的建筑呈现当代加州的风貌。

就在我寄出这封信的两周后，漫长的评选过程突然走到了尽头。1984年10月26日下午六点半左右，我在纽约的公寓里跟孩子们——五岁的约瑟夫、三岁的安娜——一起吃晚饭，这时电话铃响了，是哈罗德·威廉姆斯。“我刚开完董事会，我们希望你来当建筑师，”他说，“这挺不容易的，很困难，但我真的高兴。我们做出了正确的决定。”晚些时候，他发来了确认电报，还表示很期待在这个激动人心的项目中一起合作。我中选了，人生头一次经历这样的评选过程，感到一阵胜利的喜悦，我倒了一杯酒来庆祝，看着孩子们吃完晚饭。他们还小，无法理解这对我意味着什么，更无法理解这最终对他们意味着什么。

过了一段时间，我才了解到自己中选的原因。与桢文彦和斯特林的想法不同，我打算为洛杉矶增加一处积极、活跃的场所，盖蒂信托似乎很认可这一点。他们也喜欢桢文彦在日本的作品和斯特林的斯图加特新美术馆，但是这些独特的作品必须依赖日本、德国的超高工艺水准，在美国恐难实现。在1985年秋季版《哈佛建筑评论》（*Havard Architecture Review*）的采访中，威廉姆斯承认，委员会成员还担心斯特林作品中夸张的风格，他那种不拘一格的智慧在美国西海岸怕是难以被理解。

中选之后，我很快意识到盖蒂信托的董事和受托人们决心对设计过程严格把控。我知道他们不想要全白色的建筑，但随后的一段时间，我都不确定他们想让我在设计上做出多少妥协。南希·英格兰德在同一期《哈佛建筑评论》的采访中发表的言论进一步加强了我这种不确定感。她在回答常规提问时说：

> 在这个基地和这个项目上，（迈耶）发现了新的建筑语汇，和他以往惯用的不同……我们探讨以现代的方式来传达盖蒂中心的一些相当传统、普世的价值观。（我们认为）这个建筑应该反映出盖蒂中心的哲学理念，但不必隆重，以免让符号的意义盖过实物。这块基地很棒，可以俯瞰洛杉矶，在这里无论建什么都会成为地标。我们面临的挑战是，如何让博物馆空间通达便捷，同时又保证人文与艺术史研究所和保护研究所的静谧……在满足了功能、规模、风格等要求的前提下，我们还希望迈耶在这里是艺术家式的建筑师。这里将会有独特的空间个性和韵律，只有迈耶才能实现。

同一个采访中，威廉姆斯说：“我认为理查德·迈耶经过这个项目的洗礼会发生很大的变化。”回首过去，我不禁问自己：是不是评委会有什么误解，以为我是备选者中最具可塑性的？我的中选引起了国际媒体的广泛关注，与盖蒂信托一样，他们盛赞了我过去的成就，同时又认为我对这个新任务会有完全不同的思路。

第三章 计划阶段

在参与盖蒂项目评选工作的一年多时间里，我对这个项目的设计周期和建设周期还拿不准，但肯定比哈罗德·威廉姆斯他们想象的要长得多。每当我提醒他们，早期的教堂往往需要几代人才能建成，他们都不相信。如今，要是知道项目周期长达13年，连最坚定的甲方都会望而却步的。

我就任盖蒂中心建筑师12个月后，项目的大框架才确定，由五个部分组成：盖蒂博物馆、盖蒂人文与艺术史研究所、盖蒂保护研究所、盖蒂艺术历史信息部、盖蒂艺术教育中心。

我就任后第一次与威廉姆斯的谈话中，我们推测这个项目需要多长时间才能完成。他问我三年够不够，我立刻回答说至少需要10年。我跟他解释：我们现在连项目计划都还没做，更别说达到方案设计深度，取得规划审批手续，还有最重要的是把土地许可证里的条件都谈妥。我告诉他，这个项目的甲方需求挺复杂，设计方案得一一满足这些需求，然后准备全套施工图，进行招标，签订施工合同，最后才能开工。简而言之，我当时预计规划设计阶段需要五年，施工阶段至少需要五年。

尽管我有经验，但我的预计却没什么说服力。1984年，盖蒂项目委托卡斯滕/亨特曼·玛戈夫（Karsten/Hutman Margolf）做项目咨询，他们给出了第一轮总体工作计划，提出整个项目周期是八年，预计在1988年10月1日完成设计，到1992年10月1

日交付使用。事实证明，我最初的保守预测都太乐观了。

在项目推进之前，我还要跟盖蒂信托协商设计合同：设立付款流程，明确我在法律、财务和专业方面的责任。以往签过很多设计合同，所以我想这次也是个简单明了的过程，就把美国建筑师协会的格式合同直接发给他们了，在合同的一些细节问题上预留了适当的调整空间，如周期、工作范围、费用和其他辅助条件。但是，正如我经常被提醒的那样，这并不是个普通的项目。

1984年11月26日，哈罗德·威廉姆斯来信说：项目任务还没有成形，什么合同都没法儿定。他告诉我，在评选过程中，他们就假定建筑师会参与项目任务的制定，当然这个服务是在美国建筑师协会标准合同的条款之外的，会单独付酬。他提醒我，肯定免不了大量的谈判和对各方利益的认真筹划。由于项目需求都还不清晰，所以他建议使用阶段性的合同协议，随着项目的推进逐步确定工作范围和相应费用。

经过反复商谈，盖蒂信托的律师拿出了他们自己的合同，但有很多问题没有界定清楚。他们的合同巧妙地把所有关于建筑成本的条款排除在外，而且关于工作的各个阶段和我在每个阶段的参与程度也有许多含糊不清的地方。我坚持自己的立场，要求在整个项目期间都担任建筑师。最后，我和威廉姆斯

[上] 从盖蒂中心基地向南看去
[下] 从盖蒂中心基地向北看向圣塔莫尼卡和远处的大海

在纽约的四季酒店餐厅共进午餐，解决了大部分悬而未决的问题，我们一致认为应该取消合同中对完工日期的约定。威廉姆斯说："不管项目做多长时间，那就是它需要花的时间。"

盖蒂信托律师给出的合同终稿中最不寻常的一点是，这份合同免除了我对建筑成本的任何责任。通常情况下，有项目任务书和预算在先，建筑师的方案要以此为依据。但是在这个项目中，控制成本是甲方的责任，跟我没关系；为项目各部分分配预算也不是我的事。事实证明，这是把双刃剑：我在选择高品质材料的时候可以不受预算制约，但甲方也能控制资源，按照他们的意思调配。

我之前答应过在洛杉矶设立事务所，后来在洛杉矶韦斯特伍德的一栋三层建筑的顶层找到了带阁楼的空间，距离基地不到五分钟的车程。我纽约事务所的五位建筑师随即搬到了西海岸，其中的迈克尔·帕拉迪诺（Michael Palladino）是位才华横溢的年轻合伙人，在洛杉矶事务所发挥了重要作用。在后续的工作中，从设计概念的演化到施工图细部的推敲，迈克尔的意见都具有主导性。他毕业于弗吉尼亚理工学院和哈佛大学，与我一起设计过法兰克福装饰艺术博物馆、亚特兰大高等艺术博物馆和迪蒙河几个项目。我们开办洛杉矶事务所时他只有33岁，但成熟可靠，能保障项目运作、把控设计质量。我对这支优秀的团队非常有信心，时间也证明我的眼光没错。

不久之后，唐·巴克（Don Barker）加入了事务所，成为这个项目的高级建筑师之一。唐是我在康奈尔大学的同学，在丹佛他自己的事务所有过大量实践，是个经验丰富的成熟建筑师。在项目整个过程中，他也是洛杉矶事务所的中坚力量。

盖蒂信托明确表示，我必须方便联系以供咨询，甚至规定我每个月都要在洛杉矶待相当长的时间。我先是住在贝尔艾尔酒店，一年后搬进了盖蒂信托在基地旁边买的一套单层一居室的房子，在整个项目期间，这里成了我在加州的家。

盖蒂信托决定成立一个设计咨询委员会，听到这个消息我有些吃惊，因为这意味着我不得不处理大量的外部意见，而威廉姆斯通知我这个决定的信函中也透着焦虑。当时我认为成立这样一个委员会是为了在设计阶段发挥一些辅助作用，可是盖蒂信托刚选定建筑师就开始寻求外部意见，这可不是好兆头。不过事实证明，我的担心毫无必要，该委员会由比尔·莱西担任主席，成员包括曾任《纽约时报》建筑评论家的艾达·路易斯·赫克斯特布尔，平面设计师索尔·巴斯（Saul Bass），建筑师弗兰克·盖里（Frank Gehry）和里卡多·莱格瑞塔（Ricardo Legorreta），还有艺术资助人小欧文·米勒（J. Irwin Miller）。1986~1990年，我与他们有过六次会面，他们的意见每次都对我很有帮助。更重要的是，他们使信托基金董事会成员确信，他们委托的建筑师是完全胜任的。

我慢慢意识到这就是盖蒂信托喜欢的工作方式，会预先参考外部专家的意见，当然这也可能是某种程度上的信心不足。通常，在盖蒂信托收购重要的艺术品之前，马里布的盖蒂博物馆都会咨询由博物馆馆长、艺术史学家组成的外部顾问团。因此，就盖蒂项目而言，设立设计咨询委员会只是正常的流程。还有其他各类专家委员会，他们定期为盖蒂博物馆、保护研究所、人文与艺术史研究所提供咨询，内容涉及收购、项目开发、聘用高级职员等方方面面。

当然，在着手重要的设计议题之前，盖蒂项目必须明确具体的项目任务。当时只有博物馆是已经存在的机构，确定它的设计任务几乎没有太多困难。博物馆已经有大量藏品、经验丰富的员工队伍和资深的馆长约翰·沃尔什，只是还没确定需要多少收藏空间，而对保护研究所、人文与艺术史研究所和艺术资助机构来说，可不仅仅是估算面积这么简单了，所以就更加没着落。这三个部门是新的，还在逐步确立章程、任务和操作流程，在机构的制度结构确立之前，很难确定它们应该采取什么建筑形式。为了推进这些问题的讨论，盖蒂信托设立了一个新的建筑计划委员会，除了威廉姆斯、英格兰德和莱西外，还有博物馆馆长约翰·沃尔什和人文与艺术史研究所所长库尔特·福斯特，加上新上任的建筑计划负责人斯蒂芬·朗特里（Stephen Rountree）。朗特里在盖蒂信托的多个管理岗位上工作过，这些经验使他作为本项目的设计联络人能够从整个机构的视角进行通盘考虑。

1984年11月30日，建筑计划委员会召开了第一次全体会议，主要讨论工作计划安排问题，而不是各机构的具体建筑计划。据说威廉姆斯认为盖蒂中心应该是“建筑计划驱动”的，不应该完全是自上而下地推进。从这个意义上说，他认为在整个机构形成的过程中，局部比整体更重要。

我觉得这是个令人钦佩的姿态，但也要求各个分项目有清晰的自我定义：保护研究所一定要问问自己打算保护什么，在哪里才能发挥最大效用；人文与艺术史研究所必须决定是成为仅供学者使用的图书馆，还是要独立开展文化项目；是闲人勿近还是向更大范围的公众开放。

我意识到有很多复杂的问题要搞清楚，于是花了大量时间与各部门的负责人进行讨论。路易斯·蒙雷亚尔（Luis Monreal）是研究加泰罗尼亚早期历史的专家，刚刚被任命为保护研究所所长，他认为保护研究所和博物馆之间应当有紧密联系。库尔特·福斯特，瑞士古建筑史学家，在整理盖蒂中心的建筑计划、勾勒各部门的核心属性阶段，他有着很好的直觉。然而有点儿讽刺的是，只有福斯特领导的人文与艺术史研究所在后期进行了大规模的二次设计，因为它的主要属性一直在变。沃尔什差不多把博物馆看作是个容器，他可以把藏品一股脑儿端进去。我知道，他有点儿担心古典绘画放在当代建筑里会不太搭，这焦虑也许源于他担任波士顿美术馆馆长的那段时间，贝聿铭为美术馆做了扩建，后来我意识到沃尔什对那个过程和最终结果都极不满意。

1985年，为了解决建筑计划阶段的大量问题，建筑计划委员会和我在欧洲、美国进行了几次考察。我们参观古迹和遗址，不仅是为了研究同类建筑文化机构，也为了分析各种博物馆、图书馆和文化中心是如何应对我们所面临的各种问题的。2月，我们一起考察了美国的几家博物馆和文化机构，看了约翰·罗素·蒲柏（John Russell Pope）设计的华盛顿国家美术馆、贝聿铭设计的国家美术馆东馆。在华盛顿的时候，我们去了查尔斯·普拉特（Charles Platt）设计的弗里尔艺术博物馆，之后是纽黑文的梅隆英国艺术中心、耶鲁大学美术馆，这两个都是路易斯·康设计的。然后又去纽约参观了弗里克展览馆、皮尔庞特·摩根图书馆、大都会艺术博物馆，前两家博物馆具有一种亲密感，好像是由大别墅改造成的博物馆，大都会博物

保持最完整的南岬角，位于场地的轴线端头，远眺洛杉矶市中心

东侧放坡改变了山体形态

馆则是由一连串数不尽的房间组成的艺术宝库。我们在俄亥俄州花了些时间考察克利夫兰艺术博物馆和托莱多艺术博物馆，随即结束了旅行。库尔特·福斯特表示，尽管这趟出行学到了一些东西，但参观过的这些建筑中，没有一栋能够完全涵盖盖蒂中心所面临的变化万千的问题。不出所料，约翰·沃尔什对我们参观的大多数艺术馆的照明条件提出了批评，他提醒我们不能把这些博物馆当作榜样，它们的那些解决方案也就是功过参半。和考察团的其他成员一样，我特别留意一些负面的例子，比如大都会博物馆的美国馆，独立式隔断上的展品被强制统一了悬挂高度；皮尔庞特·摩根图书馆里，娇气的手稿就暴露在走廊的强光下。我还注意到有几个令人失望的共性，比如艺术品展示方式或多或少有些传统，美术馆建筑本身没什么灵气，我们由此展开了很多讨论，避免重蹈它们的覆辙。

同年5月底6月初，我们飞到慕尼黑参观了三个很不一般的博物馆，古代雕塑博物馆、老绘画陈列馆和新绘画陈列馆，它们分别代表了三个不同历史时期的建筑——18世纪、19世纪和20世纪。我们还去了维罗纳，参观了14世纪的卡斯德尔维奇奥拿破仑博物馆，20世纪50年代末由意大利建筑师卡洛·斯卡帕（Carlo Scarpa）施以精美的翻新。我们接着开车去了佛罗伦萨，参观了附近的卡尔特修道院，就像勒·柯布西耶当年那样，我们研究了修道院如何围绕庭院布局，以及室内外空间的关系。最后参观了蒂沃利的埃斯特别墅、巴涅亚的兰特庄园，以及卡普拉罗拉的法尔内塞宫，我们考察了这些壮观的园林，特别留意如何在花园里利用水池和喷泉空间，并想象我们自己的景观方案。经过这次旅行，我们能够轻松直接地讨论关于盖蒂中心的种种设想，很有成效。

虽然还没进入方案阶段，但有许多工作要做。我负责协调一众工程顾问和技术顾问，并很快参与了他们的一系列前期勘察，例如对场地土壤质量展开大量调查、评估场地的地质抗震条件、研究土壤侵蚀的风险及控制措施。在圣地亚哥高速公路旁边的基地入口处，我们规划了大型地下停车场，这是未来的第一个建筑物。

更急迫的问题是，代表盖蒂基地南面和西面富人区的布伦特伍德业主协会不断地表达他们的种种顾虑。在1985~1986年那会儿，我们尚有信心缓解他们对盖蒂中心规模、位置和颜色等方面的顾虑，但这个协会后期一直同我们纠缠。周边的社区中，贝尔艾尔的居民从一开始就全力支持盖蒂中心，只有布伦特伍德的居民对这个项目不太看好。1985年2月，我给布伦特伍德业主协会律师休·斯诺回了信，告诉他，我们打算建水平向的建筑，会精心考虑自然景观，也会尊重人的尺度。希望这能给他们宽慰。

斯蒂芬·朗特里作为盖蒂中心建筑计划的负责人，承担了社区关系沟通方面的全部工作，在整个项目期间频繁会见业主协会代表。1986年2月13日，应布伦特伍德业主协会主席马里奥·皮亚泰利（Mario Piatelli）的邀请，我小心翼翼地出席了第一次公众见面会。幸好我提前告诉皮亚泰利，我这次不会带着图纸或方案来给大家审阅。那次实际上只是个镇级会议，他介绍我的时候，有点儿失望地发现我只打算解释一些笼统的设计原则。在我发言和随后的问答环节，起初交流得挺愉快，但形势很快急转直下。

最开始，我强调我已经充分了解协会的各种顾虑，在未来两年的设计过程中，这些问题会一一解决。而且，我们也一直在研究怎么让我们的建筑群配合地形条件和光线条件，会增加绿化、庭院、休憩和散步的空间。最终不是要建成什么大厦，而是个建筑群，内部互相联系，并且充分尊重人的尺度。

建筑外观色调问题不能不提，但是我也想不出什么话能让协会满意。我解释说，建筑材料的选择以及石材等面材和结构之间的相互搭配，都会以基地本身的特性为出发点，现在都还定不下来，希望能在一年后给大家展示详细的方案。然后我请他们提问。

居民们显然没有被说服。第一位提问者说，如果盖蒂信托要在山顶建纪念碑似的建筑，那建筑师还能怎么顾及协会的要求？我向他们保证，盖蒂信托并不打算建纪念碑式的建筑，我知道事实也是这样，所以毫不犹豫地明确了这一点。下一个提问者说我的作品都是“巨大、闪亮、白色的钢构和大理石墙壁”，而这里的山是“柔和、平缓的，带有金色和泥土的色泽”，这些是他们希望保留的。我回应说，我的每个作品都是基于周边环境而设计的，盖蒂项目也要基于场地的地形、色调和肌理，倾向使用天然材料。

他们的第三个焦点是视线干扰，剩下的讨论都集中在这个问题上。简单地说，布伦特伍德社区的居民不想看到盖蒂中心，也不想被盖蒂中心看到。一位业主很担心社区安全，说“人们”参观盖蒂中心时，会“利用地势来观察附近的房子”。另一位业主有些激动：“盖蒂信托告诉我们，根据视线分析，西侧的住宅不会被看到。但是你今天提到可以从基地看到太平洋的美丽景色，难道你是准备放弃这种美景，把建筑放在山下吗？”

我解释说，如果盖蒂中心能看到大海，那周边地区就不可能完全看不到盖蒂中心，从日落大道这边总能看到一部分。但另一方面，由于山形特点，另外一些业主是完全看不到这个建筑群的。至于安全方面的顾虑，我向他们保证，会尽一切努力不把主要公共空间设在山的南脊，而且强烈的南向阳光是艺术品的大敌，所以博物馆不会在南侧开窗。会议到此结束，皮亚泰利先生请听众为我鼓掌，掌声不多。

这次会议还只是事态的开篇。接下来的六年里，业主协会的要求不断升级，很难满足。后来升级到臭名昭著的口号“NIMBY”（Not in my backyard，滚出我后院）。业主协会的态度在我看来就是“你可以在那儿，但我们不想看到你的样子，不想听到你的声音，也不想闻到你的味道”。协会很善于利用当地媒体，很多业主也有政治影响力，可以使洛杉矶规划委员会的一些批准手续推迟。通过这种策略，他们轻松地使盖蒂项目做出了更多让步。

有一些让步对盖蒂中心的设计和施工产生了重大影响。关于限高的谈判拖了好几个月，朗特里在与布伦特伍德业主们打交道时表现出无比的耐心，他会打电话来问：“咱们有35英尺（约10.7米），够高吗?”我会当场进行快速评估，总是给出类似的答复：“不行，在35英尺（约10.7米）之内没法儿做，至少得45英尺（约13.7米）。”比如对一共两层的博物馆，我们最初提出的限高是80英尺（约24.4米），但最终确定的限高是65英尺（约19.8米）。紧接着又争论65英尺的高度应该从哪里算起，最后一致同意以博物馆入口处标高为“正负零”。那时，我已经花了好几个月的时间在基地上到处走动，熟悉了各

整理基地用了很长时间，除了修路，还有大量的去顶、移位和加固

处的地形变化，从各个位置能看到什么、不能看到什么，我都了如指掌。充分考量之后，我建议把博物馆的入口标高定在海拔916英尺（约279.2米），但后来还是被迫降低了20英尺（约6.1米），最终定在海拔896英尺（约273.1米）。这个妥协最终来自盖蒂信托的律师们莫名其妙的意见，他们坚持认为900（英尺）这个数字不吉利。

在这一让步后不久，我们再次陷入僵局：布伦特伍德业主们要求，不得从基地向外清运土方，因为运输沙土的卡车不断进进出出会打扰他们。讽刺的是，正是因为他们压低限高，我们才不得不进行开挖，可现在他们又坚持整个基地的山体体积不能减少。没办法，我们只能在整个设计过程中不断计算基础开挖的土方量，然后在现场找地方腾挪，变戏法似地不断改变着地形。土方转移、打地基、建地下室、土方回填、在每个构筑物周边重整坡度，这些都耗资巨大。事实证明，对布伦特伍德的这次让步代价巨大，而且当时任何实质性工作都还没开始呢。

1986年3月，我收到了建筑计划书，盖蒂中心各部分的要求都明确下来，有了设计依据。当然，我一直在思考这个项目设计，但是现在建筑计划书给出了更具体的要求。我们做了粗略的体块模型，逐步建构起这个文化综合体的概念，与地形呼应，还与洛杉矶城市网格的轴线相契合。沿着赛普尔韦达大道，经现有隧道穿过圣地亚哥高速路进入场地，停车场就安排在入口旁，经过一条蜿蜒的道路上坡抵达主建筑群的博物馆入口，这里是大部分访客的目的地。

基地主要有两条南北走向的山脊线：东侧的山脊与圣地亚哥高速公路经过基地的路段大致平行；西侧的山脊从沿着赛普尔韦达大道延伸向北的城市网格轴线转到沿圣地亚哥高速路的方向。从我最早的一张草图中可以明显看出，博物馆的长轴沿着东侧的山脊布置，从道路进入场地的那个拐点开始。在1986年9月4日的草图中，博物馆沿东侧山脊延伸，在一个向南俯瞰城市的岬角处达到高点，旁侧眺望高速公路、世纪城和加州大学洛杉矶分校。建筑群里较为私密的部分位于西侧山脊的最边上，越过布伦特伍德社区望向远处的太平洋，是人文与艺术史研究所里的学者们钻研的地方。行政大楼坐落在东侧山脊的北岬角，和人文与艺术史研究所对着。这一阶段的方案还处于萌芽阶段，地形是主要的影响因素。

那会儿还没做单体设计，但盖蒂中心的鸟瞰构图已经清清楚楚。在早期的这些草图和模型中，方案的推导过程、建筑间的相互关系以及地形关系都已经成形了，当然随后还有些变化。1986年9月，我向设计咨询委员会提交了第一轮整体初步设计，用大型石膏模型展示了基地地形和建筑体量。这个汇报并没有引发太

基地研究模型，1986年9月第一轮初始方案：博物馆展厅围着平台布置，对面的立方体是研究中心，台地花园坡向谷底，清晰地展示了建筑平台层和地形等高线之间的紧密关系

多的讨论，会议期间的大部分时间他们都在踏勘基地。

接下来的事情更费劲儿：我们与各个委员会没完没了地开会，其中包括由斯蒂芬·朗特里领导的建筑计划委员会，他还负责与布伦特伍德业主协会和洛杉矶市议会的协商工作。我们一次又一次地讨论从主入口通往山顶的道路设置、建筑物的体量，为了满足土地许可中对视线的严苛要求，不断调整地上空间和地下空间的分配比例。

当时，我们还忙于处理各种规划问题，比如赛普尔韦达大道的交通灯设置、基地的山体维护。场地经过整坡，出于防火目的清除了不少灌木，必须想办法固坡和防止水土流失。另外，这里的野生动物数量惊人，尤其是郊狼和蛇。在清除灌木丛时，蛇制造了很多麻烦。清理人员都配备蛇类图和大砍刀，识别并处理那些危险品种。孩子们来基地陪我，也很快就注意到这些野生动物，有一次，他们沿着小路走回房子时，迎面看到一条巨大的响尾蛇盘在门前台阶上，正准备发动袭击。我们不得不找人带着砍刀来处理。

关于公众怎么达到山顶，一直争论不出个结果。他们到了山顶，又需要什么样的庭院、步道和便利设施？这些问题还带来了对噪声问题的艰难讨论，除了高速公路等带来的外部噪声，还有建筑本身的噪声、人的噪声，特别是运送游客到山顶的机械系统的噪声。让这些讨论更艰难的是，项目规模都还没有最终确定。事实上，项目的规模和配置是被土地许可证“限制”出来的，有条件的土地使用许可证在1985年3月11日获批，或多或少地决定了我们不能做啥，比如不能超过限定高度和限定区域，不能在规定时间外进行作业，不能从某些位置被看到，等等。布伦特伍德业主协会的影响力显然不可小觑。

从1985年起，我们就在研究一个重要的问题：在平日和周末高峰，盖蒂中心的访客数量会达到多少？我们需要通过这个评估来决定停车场的容量，包括游客停车和员工停车。山顶肯定停不下这么多车，好在场地入口位置的地质条件能够满足一个大面积的地下停车场。接着还得考虑：

大型施工设备的个头和运行方式让我着迷，通过我的女儿安娜（下图）可以感受到这些平地机的巨大尺度

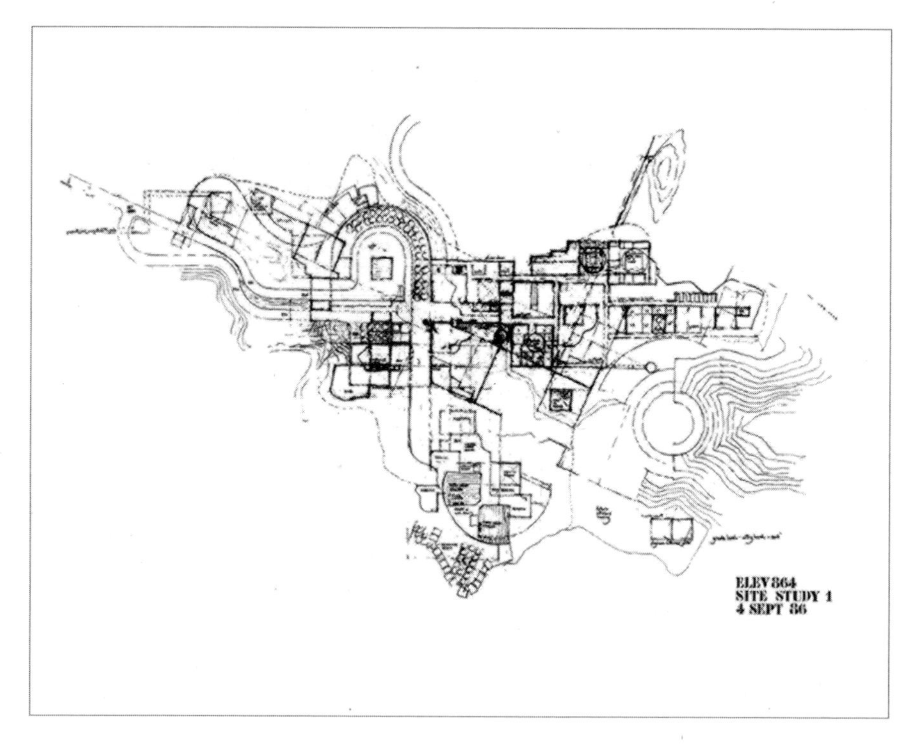

在准备第一轮方案设计汇报之前，1986年9月的草图展示了两个方案。此方案是驾车进入基地，博物馆前有马蹄形落客区

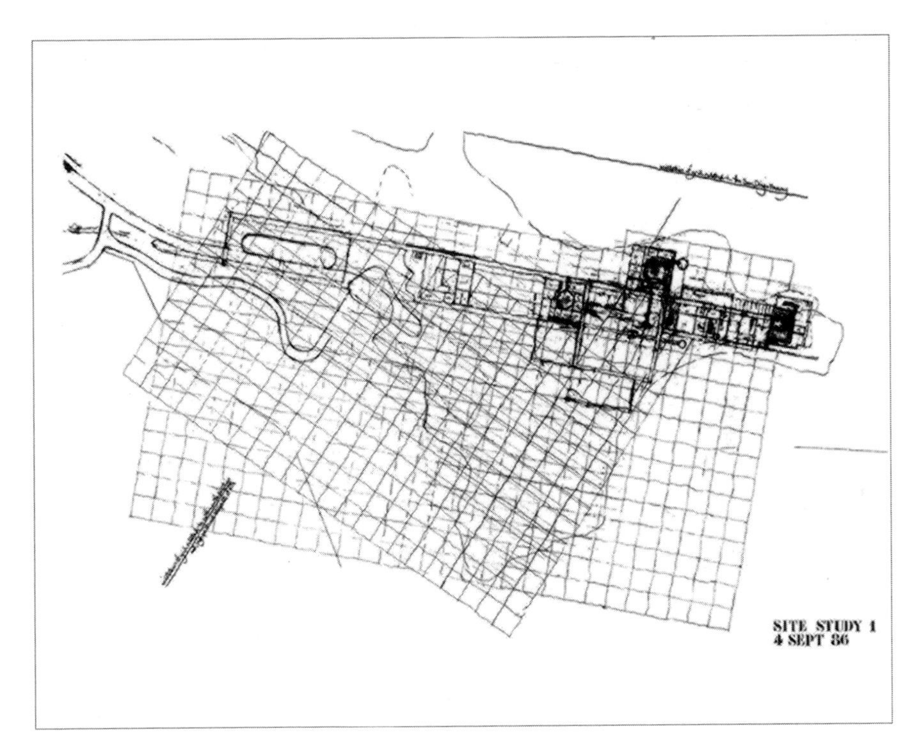

乘坐有轨电车进入场地，需要调整道路布局

游客车位和员工车位各占多少？游客在入口停车之后怎么去山上的博物馆？

经过初步评估，访客停车的峰值需求是1000辆，在地下停4层或5层，1986年7月调整为1600辆，在地下停6层；900名员工的750个地下停车位设在山顶。这一上调是因为预期接待量的上调，大概在日均6000人、年均130万人。

接下来，我们花了大量时间讨论怎么把游客从山脚运送到山顶。我们筛选了很多种方式，包括公共汽车、自动步道、缆车，以及各种轨道牵引系统，最终选择了带气垫轨道的无噪声电车系统，在山脚停车场和山顶建筑群的入口大厅之间来回摆渡。

1986年12月10日，设计咨询委员会开了第二次会议，我展示了项目的第一个木制模型。每次介绍还都配有一定深度的设计图，展示各个建筑单体、建筑之间的关系、室内外空间的联系，也容易看出设计方案相对上一次方案的演变。委员会的意见并不统一，有些委员比较喜欢早期方案，博物馆的各个展厅与景观紧密结合，另一些委员认为博物馆内向一些更好。有一次，艾达·路易斯·赫克斯特布尔劝我不要太在意盖蒂信托那些人的批评，他的话倒是让我振作了一些，可是他没注意到，批评设计方案的那些人组织起来也差不多算个咨询委员会了。当时赫克斯特布尔担心内向式的设计会使博物馆显得过于庄严。墨西哥著名建筑师里卡多·格瑞塔则极力建议交通流线系统采用法兰克福装饰艺术博物馆那种较为松散的方式。这些意见都是说起来容易做起来难。

建筑成本预算不断攀升，哈罗德·威廉姆斯越来越忧心。第一次向公众披露项目时，整个项目的建筑计划还没成形，当时盖蒂信托公布的预期成本是1亿美元以内。1986年秋，我到项目上两年了，卡斯滕/亨特曼·玛戈夫给威廉姆斯和朗特里的咨询意见中，盖蒂中心的建设成本预计将接近3亿美元。仅仅6个月后，1987年4月，为了建立更有效的工程管理流程，盖蒂项目任命丁威迪工程公司（Dinwiddie Construction Company）来负责工程管理。丁威迪工程公司很快给

每天工作结束，运土机在基地排成排。设备需求量大就必须设检修场地并储备大量配件

出了令人震惊的工程预算：大约5亿美元。威廉姆斯和他的顾问们不断施压，要求采取措施，压缩成本。可是无论怎么采取措施，预期成本还是不断增加，而我们根本还没开始动工。到1988年秋天，盖蒂信托自己的成本分析师结合丁威迪工程公司和卡斯滕/亨特曼·玛戈夫的意见，更新了工程预算——接近6.8亿美元！

除了成本，还有一个难题是：土地使用许可证许可的建筑空间究竟能有多少。布伦特伍德业主协会持续造势，甚至说盖蒂中心公然违反了土地许可，暗指我们准备把建筑高度提高到120英尺（约36.5米），把建筑基底面积扩大一倍。这些指控毫无根据，但进一步煽动了社区居民的对抗情绪，他们在1987年春末成立了“拯救西洛杉矶委员会”，声称圣地亚哥高速路今后每个周末都会多出12000辆汽车，要求市里给出新的环境影响报告。

如此疯狂的举动还很有章法。洛杉矶规划委员会计划在1987年5月举行方案设计听证会，而我们希望在6月下旬就拿到盖蒂中心总体规划的批准许可。布伦特伍德业主协会在听证会上玩了一手好牌，他们控制了局面，迫使盖蒂信托做出新的让步。最后在1987年6月24日，这些好斗的邻居与盖蒂信托签署了一项协议，规定了有条件土地使用许可证的107个要点，之前协商的高度限制正式纳入许可证的要求，还强制规定：“室外主要使用天然石材面层；材料的颜色和质感必须是指定范围内的，且禁止使用白色石材；面向布伦特伍德社区的立面禁止使用白色陶瓷板、镜面玻璃。”

这项协议真是史无前例，还限制了从盖蒂中心望向布伦特伍德社区的可见范围，夜间还要限制人工照明，以免干扰邻近的社区。协议明确规定，盖蒂中心的基底范围不得超过505 000平方英尺（约46 916平方米），总建筑面积不得超过900 000平方英尺（约83 613平方米），停车场、存储区、书库、电气和机械设备间等地下面积也包括在内。盖蒂中心面向日落大道的这边必须用高大的常绿植物隐藏起来，以阻隔噪声。而且，项目施工图纸必须提前30天交布伦特伍德业主协会审查，然后才能提交洛杉矶建筑和安全部门批准、签发施工许可证。

1987年6月25日，洛杉矶规划委员会最终批准了总体规划。在公众听证会上，盖蒂中心方案得到了议员、规划委员会和各个社区代表的一致支持。然而，欣喜之余，我们也知道与布伦特伍德的斗争没个完。10年后，业主协会仍对盖蒂中心提出种种要求。在收到最终批准后的几天，我提醒朗特里，在施工图完成并准备施工进场的时候，恐怕还会有延误。我非常清楚我们还有很长的路要走。

洛杉矶市对有条件土地使用许可证的批准，意味着设计依据已经确定下来，没有回旋的余地。规定覆盖了景观措施、交通、

这片围绕谷地的区域被彻底重塑，从这里可以看到陡坡和几棵精心保存下来的树

基地的土方不外运，置换出来的土先堆起来，等待重新安排

模型工作室有5000平方英尺（约465平方米），设在轻工业厂房里，1987年启用，11位员工持续制作了200个研究模型，6个1：48（1/4英寸）的博物馆模型。综合体的每个外立面都经过模型研究，对表达设计意图很有帮助

停车、场地剖面、退红线、视线、外装饰面材料的大致范围等方面，以及建筑整体规模、高度和入口标高、地下室的规模。地方媒体扬扬得意地宣称该许可证特别禁止使用白色石材，同时向一些业主保证，盖蒂中心游客对附近住宅的窥视会被屏蔽。

至此，我已经做好了打持久战的充分准备。洛杉矶事务所的工作人员迅速增长。原来有50名建筑师做这个项目，很快就增加到100名。我们在韦斯特伍德办公室附近设立了自己的模型室，我觉得这可能是最高效的建筑模型室了。模型室占据大约5000平方英尺（约465平方米）的轻工业厂房空间，楼上有些储藏室；主要工作空间75英尺（约22.9米）长、32英尺（约9.8米）宽，天窗采光，卷帘式库门。1991年扩大了入口，方便处理博物馆展厅的大比例模型。我们1987年4月搬进来，从无到有地添置机器和搭建车间。最紧张的那几个月，模型室有11个人，主要在制作1：96、1：48的两个大型场地模型。工作室的整体运营都交给了年轻的加州小伙儿迈克尔·格鲁伯（Michael Gruber），他是个出色的管理者，还是建筑师和手艺精湛的工匠。我们在工作间通过制作的模型进行各种比例的尺度研究，有1：192的场地研究模型，也有1：12的体量研究模型、1：4的展馆光线研究模型，大到可以走进去。早期为了表现场地颜色做过一个灰泥模型，其他全部是木制的。我们一共做了6个大比例模型、大约200个研究模型。这些模型在向盖蒂设计咨询委员

［上］我搬进洛杉矶新家不久，和凯特、安娜及约瑟夫在基地散步
［下］房子的背面，泳池一端那道墙一直延伸到卧室里，泳池边上是安娜

会、盖蒂信托和公众传达设计意图时发挥了重要作用。

1987年，我搬到基地西侧的一所房子，对加州更有归属感了。对前房主来说，想到自己后院可能变成一个大工地，肯定是心烦意乱，于是盖蒂信托把它买了下来。这是一个奇怪的住宅：木结构，屋顶起翘，有点儿东方风格，坡顶很矮，迷宫般的入口，有车棚，还有一个独立的客房。花园里有柠檬树、橘子树、梅树，提供了美味的果实。从客厅和平台可以看到西洛杉矶和太平洋的壮丽景色，主卧室有一面巨大的石墙，一直延伸到紧挨着房子的窄长的泳池里。我住进去的时候，里面相当阴冷，黑乎乎的，还有老鼠出没，就像雷蒙德·钱德勒（Raymond Chandler）小说里的房子似的。当然，把墙壁涂成了白色、消灭了鼠害后还是可以住的。

有一天晚上（那会儿我已经住在这个房子里几年了），我从沉睡中惊醒，听到老鼠在墙里啃保温层发出的怪声，就在我的枕头旁边。使劲儿敲敲墙，它们才会安静下来，过了好长时间后我又睡着了，他们躲在看不见的地方接着疯狂地大吃大嚼，治疗失眠真是太管用了。好在几天后，老鼠们好像吃腻了墙体材料，从此不再来了。

另一个很怪异的事是有个流浪汉，我从未见过他，但我离开基地回纽约的时候，他就会睡在我的床上，他究竟睡了几次，永远都不得而知了。他进房子的方式很巧妙，展示了运动才能，好像是越过安全栅栏进院子，脱光衣服从泳池挨着卧室的那道大石墙底下潜水进来，一丝不挂地进到卧室，径直躺到我床上睡过去。巡夜人员有两次发现他在那儿斜躺着，第一次狠狠训斥了他一顿，连人带衣服一起赶了出去；第二次把他送到警察局关了一夜，似乎就帮他改掉了这个毛病。发生这些事情的时候我都不在，所以也没怎么打扰到我，可只要想一想某天晚上他可能会出现，我就有点儿不自在，他以为没有人睡的床，实际上是我的床。不过他的感觉倒是很敏锐，这种令人担忧的情况后来再未发生过。我逐渐适应了往返于纽约和加州的生活，这所房子成了我的长期住所，随时接待朋友和访客，工作娱乐两不误。不用住旅馆对我来说也是一种解脱，有了这所房子，孩子们可以在假期从纽约过来和我一起住，享受风景、果树、游泳池和阳光。客人们也觉得这里很特别，异国风情的别墅和周围壮阔的风景，真是不容错过的体验。朋友们和盖蒂项目组的同事们偶尔会来拜访我，看看我离群索居的生活。

住在基地旁边真是不错，在动工之前的那三年，基地就像我的专属公园。在周末或者暮夏之夜一个人时，我会在山顶漫步，一边看风景一边想象着概念设计里的各种设想如何实现。我必须做个决定了，一次性彻底解决问题。

第四章 设计成形

设计的进度很慢，因为还有很多问题悬而未决，包括整体理念、机构的章程，以及各个单体的具体空间需求。此外，对于这种大规模的项目，我们还必须委托各个专业的顾问，包括结构、机械、照明电气、声学、安保、视听，还有实验室顾问等。其中最重要的是选择景观设计师。

为项目物色景观设计师的工作已经进行了一年多。景观设计师不仅需要对地质、土壤、市政、交通工程等技术顾问的意见进行深化，还要就新植被栽培、景观整合和后期维护等提供意见，并且得有在南加州工作的经验，了解这里的气候对景观的影响，熟悉这里的地震活动和排水条件，并懂得如何处理野生动物。我与约翰·沃尔什和斯蒂芬·朗特里一起考查了至少十几位来自不同国家的景观建筑师，最后确定了埃米特·维普（Emmet Wemple），他曾是马里布盖蒂博物馆的景观设计师。

盖蒂信托准备把选择结构、机械和电气专业工程师的任务留给我，他们只对我物色的人选进行审批。我选了罗伯特·恩格尔柯克（Robert Englekirk）作为结构工程师，因为他有南加州建筑抗震方面的具体经验；约翰·阿尔蒂耶里（John Altieri）和他的合伙人肯·韦伯（Ken Weiber）担任机械通风、电气和给排水工程师。一是因为我以前和他们共事过，二是因为他们参与过纽约大都会博物馆的翻新和扩建工作。对于这样旷日持久的复杂项目，其实早该有所预见，维普和阿尔蒂耶里这两位重要的技术顾问都上了年纪，进入方案阶段后没多久，他们就退休了，使得设计进程发生了不该有的中断。幸运的是，肯·韦伯从最初就密切参与项目，他和他的团队能够继续接手机械通风设计，不过景观设计师的故事可就复杂多了。

在准备盖蒂中心的深化设计时，我的首要任务是博物馆，因为它最具公共性而且要最先完工。我们早已决定，盖蒂中心不是一个巨大的整体式的建筑，而是几栋建筑，强调各个机构的半独立状态。博物馆本身也适用这个原则，由一系列展馆组群构成，体现了不同藏品的独立性。

接下来最重要的是设计一条具有辨识度的博物馆参观路线。我们从约翰·沃尔什在设计任务书中规定的格局着手：先创建一个宽敞的接待区，设有信息台、寄存处和书店，还可以帮助游客迅速确定藏品位置。盖蒂博物馆的入口大厅设计成顶部采光的宏大的圆形门厅，可以看到博物馆的庭院，东侧和南侧是永久收藏品展馆，西侧由临时展厅半围合而成，临时展厅下层是室外咖啡厅，可以俯瞰中央花园。庭院被展厅围合起来，有喷泉、绿植，还有休息区，充分体现加州风情。

随着我们对设计概念的提炼，博物馆庭院逐渐演变成公共步道区域，游客可以越过周边景观眺望远处壮丽的景色。庭院里还可以举行室外音乐会等活动，游客们可以由此随意进入各个展室，天气不好的时候则可以经内廊和有顶的外廊在各层展厅间穿行。博物馆的每个组团都有自己的中庭，旁边的楼梯和电梯将一层的雕塑、素描、手稿、摄影展厅与二层的油画展厅联系起来。油画作品在顶层，由天光提供照明；素描和手稿等作品在底层，避免被紫外线直接照射。

第一展馆展示中世纪到16世纪末的艺术作品；第二、第三、第四展馆分别展出17世纪、18世纪和19世纪的艺术作品，其中18世纪、19世纪早期的法国装饰主义艺术品占据第二、第三展馆的首层，20世纪的摄影作品安排在第四展馆底层。空间布局很灵活，游客可以选择按自己的路线参观或按整体编年史顺序参观，可以只参观油画作品，可以直接去参观自己喜欢的艺术作品，或者只看某一时期的艺术品。

我的第二个任务是设计配套的交通序列，从停车库到有轨电车山下始发站的路线、有轨电车的路线，以及山顶的电车终点站到盖蒂综合体入口广场的路线。从有轨电车下来后，游客将处在两个轴线的交叉点，一条是平行于山下高速公路的博物馆轴线，另一条是花园轴线，沿基地对角线方向，相对博物馆轴线偏转了22.5°，也是中央花园的主轴。在1988年9月盖蒂信托批准的方案中，沿中央花园主轴设计了公共步道，尽端是垂直于主轴的一面巨大的景墙，从这里可以俯瞰水池映衬的半圆形橘树林，再往远处，可以向卡塔琳娜岛方向俯瞰洛杉矶全景。我的想法是，利用这座观景台的前景序列，为盖蒂中心赋予一种意大利式的城市景观特征，可惜没能实现。我脑子里想的是类似巴涅亚的兰特庄园、洛伦齐尼的加佐尼别墅花园那样的园林尺度和轴线下沉序列，或者搞个缩小版的罗马美国学院。在这些花园中，景观衍生于建筑，相比之下，传统的英式景观中的建筑与花园都更具独立性。

我们不断调整方案，努力在景观步道区和博物馆主路线之间取得某种平衡，因为对任何一方的强调，都会影响盖蒂中心的总体印象。在最初的概念设计中，有个重要的设想就是将中央花园作为游客们漫步和沉思的地方。这里也是一个天然的分野，一边是博物馆的艺术世界，一边是人文与艺术史研究所的反思和批判性研究。最初我们提议，入口广场这里，在偏离主轴的位置设一部螺旋楼梯通到博物馆入口，另设一个坡道，从入口广场直插到景观步道；这个设计后来演变成由宽阔的大台阶直接通向博物馆入口，并且随着盖蒂委员会对中央花园有了自己的想法，还会继续演变。

在初步设计阶段，协商和争论的过程很艰苦，我们的工作室制作了9个不同比例的总体模型，最小的大约4平方英尺（约

1992年6月基地的样子。此时，土方工程快完成了，从堆土和基坑的分布可以大致看出建筑将来的位置

0.37平方米），最大的9英尺（约2.7米）宽、28英尺（约8.5米）长，显示整个建筑群和基地。每个模型都体现了设计过程的某种状态，最终我们给出了1987年申请有条件土地使用许可的模型，1/16英寸比例（1：192）的精准的樱桃木模型。模型的制作阶段前后有12个人参与，历时9个月，是1988年9月给盖蒂信托的初步设计方案汇报的重头戏。

在一个阳光明媚的早上，我的洛杉矶办公室里摆好了模型和大量详细的图纸，方案汇报在9：00开始。当时盖蒂信托董事会成员有：哈罗德·伯格（Harold Berg）、诺里斯·布拉姆利特（Norris Bramlett）、肯尼斯·戴顿、罗伯特·厄布鲁（Robert Erburu）、约翰·菲、戈登·盖蒂（Gordon Getty）、巴尔坦·格雷戈里安（Vartan Gregorian）、乔恩·洛夫莱斯、赫伯特·卢卡斯（Herbert Lucas）、小富兰克林·墨菲（Jr. Franklin Murphy）、斯图尔特·皮勒（Stuart Peeler）、罗科·西利亚诺、珍妮弗·琼斯·西蒙（Jennifer Jones Simon）、帕特里克·惠利、哈罗德·威廉姆斯、奥拓·韦特曼（Otto Wittmann）。他们中有些人看过几个概念模型，但都没见过这么深入的模型，可是他们进入房间时，却都没当回事儿。我满怀激情地阐释方案和设计背后的想法，但董事们却不太专注，我开始有点紧张了。会议进行了十几分钟后，戈登·盖蒂开门走了进来，他刚从旧金山飞过来，看了模型一眼，惊呼道："就是这个吗？了不起！快点开工吧！"气氛一下子变了，和大多数董事一样，戈登·盖蒂只是偶尔参与这个项目，在项目进入新阶段或讨论预算时，他们才会到齐。尽管戈登的投票并不比其他董事会成员更有分量，但他由衷而发的赞叹相当有感染力，毕竟是盖蒂的儿子，他的名字就代表着声望和某种魔力。很快大家纷纷表示赞许，董事会干脆利落地批准了方案设计。我由衷地高兴，路还很长，充满信心的投票结果使士气大增。

然而喜悦的气氛转瞬即逝，因为即便董事会批准了方案设计，仍有很多不确定因素。盖蒂中心各部门纷纷施压，不断地要求增加自己的面积，根本不考虑建筑许可证的管控条件。总建筑成本一直在变，无法确定。1988年10月10日，斯蒂芬·朗特里在给丁威迪工程公司的唐纳德·朱塞克（Donald Dreusike）的信中表示，盖蒂董事会对此感到越来越沮丧，要求承建商审核飙升的成本并作出解释。

每次预算大幅度增加时，哈罗德·威廉姆斯都会呈报给董事会进行审批，他当然也不喜欢这样，所以每次汇报前都会要求我和朗特里想办法削减成本。这事儿其实挺让人费解的，距项目开工还有好几年，我们就在这儿凭空讨论怎么花钱怎么省钱。虽然我们不断修改设计，采用更省钱的材料和做法，但盖蒂中心的成本仍在攀升，除了通货膨胀的因素，还因为承包商

1988年的初步设计模型，从北侧看有轨电车进入基地

1988年的初步设计模型，从南侧看中央花园。露天剧场以倒影池为中心，一环环的台地花园一直抬升到山顶

1992年基地的景象
[上] 6月时博物馆的山脊
[下] 上山的主路，冬季用沙包和塑料覆盖土壤，使其免受侵蚀

和成本顾问根本无法全面掌握方案的所有技术细节和地形细节。

最离奇的预算决议之一，发生在我们那次向董事会汇报方案之前。1989年，北入口停车场即将开始施工。当时整个项目的运作建立在总预算不超过4.3亿美元的基础上，突然间，丁威迪工程公司抛出了6.8亿美元的预算，所有人都惊呆了。无论如何，哈罗德·威廉姆斯都不可能要求董事会批准6亿美元以上的预算，于是如何消化这8000万美元就令人大费脑筋了。我建议取消一栋建筑，盖蒂信托很快答复说不行；我的回应是，设计上的调整不可能对整体成本产生显著影响——即使取消石材，即使大幅降低室内装饰标准，最终成本还是会远远超出威廉姆斯6亿美元的承受

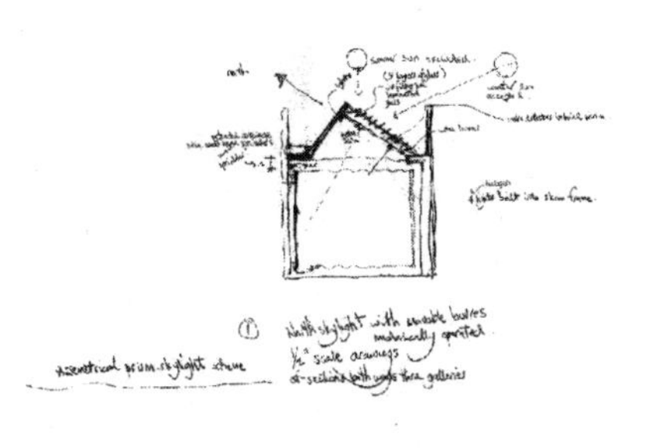

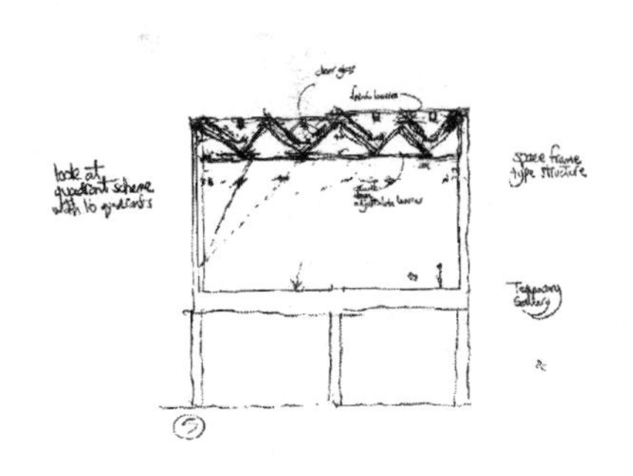

博物馆展厅的采光和照明考虑了很多方案，这是两种百叶天窗方案

上限。即便如此，他们还是要求我找到更多省钱的办法。

慢慢地我悟出：我别无选择，只能采用最原始的办法——如果成本高出上限12%，就必须把盖蒂中心缩小12%，就像把图纸放进复印机缩印一样。当然，实际上并不是那么简单，因为整体的缩减意味着数不清的重新设计和重新制图，当整个建筑的轴网发生变化时，所有组成部分都必须进行相应调整，这是很可怕的工作量，再加上建筑高度的问题，就更加复杂了。和布伦特伍德业主们艰难协商出来的建筑高度是不允许改变的，就连建筑和建筑之间的关系也不能有大的变化。每栋建筑都不得不缩小规模，比如礼堂从600个座位缩减到450个。如此这般，威廉姆斯得以在1988年9月向盖蒂信托提出6亿美元的修正预算。当然，这些省钱的办法都还停留在理论上而不是实际的，重新设计需要时间，也就意味着由延误带来的成本。因此，尽管建筑规模缩水了12%，但并没有节省12%的开支，没过多久，威廉姆斯就得再次申请增加预算。

1990年1月，和设计咨询委员会会面时，设计方案有了很多进展。我们做了缩减12%的初步设计模型，结合模型展示了游客乘有轨电车到达盖蒂中心的体验。他们先是从远处望见山顶，之后山顶又会隐匿在视野之外，等电车抵达入口广场时，建筑群才会出现在眼前。沿途所见，时而是蜿蜒的挡土墙，时而是变幻的丘陵和远处的城市风光。

讨论了建筑的组织及特征后，我们带着设计咨询委员会来到模型工作室，看看刚刚完成的画廊模型。这些模型非常大，相当于真实空间的四分之三，里面可以轻松地坐下两三个人。我鼓励大家走进去试试，体验下天窗的设计以及自然光与空间的关系。“每个人都得看看，”艾达·路易斯·赫克斯特布尔喊道，“真是了不起。”后来我们参观了基地，工人们在清理灌木丛，为即将在年末开始的场地平整做准备。我带着设计咨询委员会成员走遍了整个基地，并为他们指出了每栋建筑的最终位置，但显而易见多数成员都觉得很难想象出建筑实际上看起来是怎么样的。这次巡视过后，我们开始向盖蒂中心员工和技术顾问们展示这些模型。

配有水平向屋顶百叶窗的借阅室和特展展厅研究模型

时任洛杉矶市市长汤姆·布拉德利（Tom Bradley）来参观，看到什么都兴致勃勃。不久后，菲利普·约翰逊来西海岸，顺道参观了我们的模型工作室。他以一贯的机敏方式问问题、开玩笑、发表尖锐的意见，有一段评价的确有见地——

“我觉得树太多了，”他突然说，“树应该有别于建筑。雅典卫城可没有一棵树。你要怎么看见建筑呢？”正如他所说，现在盖蒂中心山顶上的树比1990年模型展示的要少得多。

到了这个阶段，景观方面的重大决策都没法儿再拖了。去意大利考察回来之后，我总想象盖蒂中心的环境是郁郁葱葱的。兰特庄园和埃斯特别墅的花园给我们留下的印象格外深刻，我们不打算复制这些花园，但大家多多少少都同意沿中央轴线做意大利式园林。不过，场地的绿植问题还不算紧迫，当务之急是为土方挖掘和工程施工做护坡，坡面的绿化会影响从远处看盖蒂中心的观感，尤其是在布伦特伍德虎视眈眈的业主们眼里。

我们所有人都没预料到景观问题的处理会这么曲折。我们的景观设计师埃米特·维普当时已经七十多岁了，他似乎无法把全部精力投入到任务中，而且我们对景观设计的想法不一致，因此，斯蒂芬·朗特里和我一起向威廉姆斯建议再聘请一位景观设计师。到1990年，我们请美国景观设计界的老前辈丹·凯利（Dan Kiley）来接手工作，同时留任维普为技术顾问。

在凯利看来，维普“重建自然环境”的尝试会破坏基地周围坡地的秩序感。他问我：“你不想要更有条理的东西吗?”我被吸引了，很期待为这样起伏不定、难以驾驭的场地赋予某种秩序。凯利说：“不要只知道种树，闭着眼睛乱种。让我们

规则排布的混凝土排水管，沿着基地东面的等高线将雨水排走，基地下方是圣地亚哥高速路

一起为这片土地创造某种秩序。”我们商议在山地种植加州橡树，其分布规则与建筑群的网格结构有一定的联系，还覆盖了阻燃的草皮，让整个山坡都有绿意，也起到固坡的作用。

盖蒂建筑计划委员会认为丹·凯利的方案是了不起的突破，代表了全新的方向，从浪漫的英式风格到更古典的、有控制感的法国园林传统。新方案刚获批没多久，就在基地东坡栽了几百棵树苗。但不幸的是，凯利无法赢得整个盖蒂团队对他设计闪光点的赞赏。凯利七十多岁，个性古怪，孤僻无理，是个有佛蒙特散漫气质的古典主义者。我很愿意跟他共事，但甲方团队却不为所动，我告诉他们，凯利是世界上最好的景观设计师之一，是一位真正的大师，他赋予景观作品的那种一体性是无人可及的。可建筑计划委员会还是不同意，我只好继续物色人选。

第三位景观顾问是来自费城的劳瑞·奥林（Laurie Olin），他1993年加入团队，与我们共事到项目完成。在这么多内容都已经确定的情况下接手是很不容易的，但奥林灵活应对，不管在建筑群内还是山上山下，他在大部分区域遵循凯利的构想，但在某些区域，他也能果断地用自己的方式处理，比如基地南岬角的仙人掌花园，有着丰富又随机的样貌。我们配合得很好，更重要的是他赢得了威廉姆斯、沃尔什和朗特里的信任。

对盖蒂中心的外观来说，立面材料的影响比景观还要大。在1987年盖蒂中心和布伦特伍德业主协会达成的协议中，对立面材料做了一系列规定，这些我在1988年9月向盖蒂信托董事会汇报时已经确认。协议规定盖蒂中心将部分采用石材面层，部分用另一种材料，很可能是金属板。但是关于这些材料究竟是什么，以及其质地和成本，我们又讨论了好几年。

1990年2月，我向建筑计划委员会汇报建筑面层解决方案的研究进展。除博物馆和大礼堂以外，盖蒂中心的其他建筑都需要大量的玻璃，以满足采光和景观的需求。我建议外墙除了用石材的部分，其他都使用哑釉金属板面层。我在各种金属面板的使用方面有着丰富的经验，包括半成品铝板和哑光瓷面钢板，对其用在这里也很有信心。从布朗克斯发展中心开始，我就发现这类材料实用、可靠、美观而且相对便宜，也很适合基地的需求。我在报告中写道："与石材一样，这种材料持久耐用，为建筑带来规则感。这种面板做外墙材料还有一个独特的优势，就是易于塑形，可以适应建筑物外形复杂变化的部位。"

我认为哑光面可以强调光感和建筑的通透，又避免了高度反光和刺眼，不仅能与盖蒂中心的玻璃和石头面层互为补充，还能反映周围景观的绿色、天空的蓝色。当然，大家都知道盖蒂中心不会使用白色金属板，但我确信应该用浅色的。迈克尔·帕拉迪诺准备了15种不同色调的样品，一一展示给布伦特伍德业主协会。但事实证明，他们永远不会满意，一直说样品太亮、太暗、太绿、太蓝之类的，没完没了地提出反对意见。我知道我们迟早都得有个结果，但盖蒂信托却一直想通过谈判赢得业主协会的支持，双方就这样僵持到1990年春天。

7月6日，我们与布伦特伍德业主协会的两名建筑师代表比尔·克里塞尔（Bill Krisel）、鲍勃·巴内特（Bob Barnett）开了一次晚间会议，就在协会成员梅·弗里德曼（May Friedman）家里。朗特里和我展示了两块样板，是我们千辛万苦选出来的，一块白色、一块暖灰色，没一会儿大家就开始争论什么是白色什么不是白色。会议一直开到凌晨2点，我们喝了无数杯咖啡，吃了各种各样的小点心。主人招呼周到，但一切又是白费功夫，克里塞尔和巴内特只想以“大家”（布伦特伍德居民）的名义将他们的美学标准强加给我们。

经过这次马拉松式会谈之后，我可受够了，决定让我的合伙人唐·巴克接手，我知道他更能沉着应对，让我脱身。朗特里和巴克终于促成了协议，业主委员会接受了我们的浅米色面板，与最终使用的石材颜色非常接近。

外饰面石材的选择也同样重要，它是决定盖蒂中心外部特征的要素之一。我在1990年2月14日的材料使用声明中提到：

“质感厚重的石材能带来持久、稳固、简洁、温暖的感觉，有手工艺特征，比其他任何材料都更亲近大地。”我们开始收集世界各地的石材样本，随着我们有这类石材需求的消息传出，大量的石材供应商来同我们接洽。差不多汇集了2000个样品的时候，我们从这个巨大的样品库中选了大约200个3英尺（约0.91米）见方的样板，都排在模型工作室里来校验，从中挑选最终样板。

有些董事会成员喜欢得克萨斯州的米色粗糙砂岩，但它太软了，我觉得无论如何都不适合洛杉矶。大家中意的石材要么太贵，要么难以保证供应量。有一次我在飞往洛杉矶的途中越过大峡谷，觉得大峡谷的岩石有一种特别神奇的质感，对暖色光线的反应更强。我还看了耶路撒冷岩，因为它那种颜色的反光效果很特别。但由于地质构造和采石方法的原因，耶路撒冷岩的质地太软也易碎，只能做小块。我们还关注了美国花岗岩和印度砂岩，是市场上最便宜的石材，所以很有吸引力。我还派了一名员工，陪同盖蒂信托和承建商的人专门去印度考察了一周，看看供应量是否充足，能不能高效、按时供货，考察的结果并不乐观。

一天，意大利人卡洛·马里奥蒂（Carlo Mariotti）到洛杉矶办公室拜访我。他在罗马以北的蒂沃利有个大型采石场，很想把他的石灰华卖给我们。我对石灰华从来都没兴趣，可能因为美国各地的大堂都用这种材料做饰面，薄得跟壁纸似的。但卡洛很执着，他说："如果我们能找到新的用法呢？"我说："我唯一感兴趣的是，能不能用石灰华做出粗犷的效果？就像古时候那样，切割成大块，给人很坚固的感觉。"当然，我们不至于复古到用石头砌墙，只是想在混凝土建筑外墙上覆盖石材面板，让盖蒂中心具有一种永恒感，尤其是挡土墙以上部分和博物馆建筑的外观。于是我们收到了各种各样表面粗糙、有劈裂感的石灰华样品，最后我觉得我们选对方向了。

没想到布伦特伍德业主协会似乎对石灰华很满意，但威廉姆斯和朗特里还在犹豫，他们担心成本，所以仍在考虑用灰泥而不是石头，而我是强烈反对用灰泥的。我在一次会议上跟他们说过："从长期来看，石头要比灰泥便宜得多。"他们也担心侵蚀和维护问题，尤其是听说我连铺地也要用石灰华。朗特里说："你要是洒杯酒的话，整块石头就到处是污迹。""去罗马看看吧，"我恳求他，"整个城市都是由石灰华建造的。"尽管威廉姆斯持保留意见，但他还是同意向董事会展示石灰华样品，同时还有米色金属板的样品。但这场争论还远未结束，1990年9月，在又一次削减成本的恐慌中，在我完全不知情的情况下，一项严格取消所有石材的决议差点儿被通过。

我们原计划1990年10月向媒体公布方案，不过显然是太过乐观了。除了外饰面材料有尚未解决的问题，我还不得不重新设计人文与艺术史研究所，这是由于库尔特·福斯特和他的员工对研究所功能计划做了颠覆性修订。我们原来的设计采用传统的研究中心的型制，以中央阅览室为中心，周围是学者们的独立办公室。但福斯特和他的团队决定放弃传统的图书馆型制，改成所谓的“资源空间簇”，就是每个学者都被自己项目的相关研究资料所包围。这样一来，设计变得更加开放，一个个“资源空间”由坡道串起来螺旋上升，聚合成一个大的柱状空间。

人文与艺术史研究所最后成了整个盖蒂中心最有新意的建筑。这是一座古根海姆式的图书馆，灵感来自纽约古根海姆博物馆的螺旋画廊。环形坡道的下面两层是贯通的，只用径向的中等高度书架作为隔断，形成了一种开创性的空间形式。这样一来，每位研究者（或研究团队）都可以在“资源空间”内根据自己的项目需求尽情使用书架。与其说是图书馆，这里其实更像个大型阅览室。

研究所一共五层，下面两层是坡道，另有电梯和楼梯可以到达所有楼层。上面三层是个人研究室、会议室和办公室，都向中央天井开放，天井底部就是二层的采光顶。这些研究室很多都有自己的露台，可以从各个角度俯瞰基地。另有一翼延伸

部分山谷重新做了放坡、固土，准备
种植3000棵加州橡树

中间百叶形的结构是地下空间的顶板，里面是盖蒂中心的冷却塔，远处可以望见世纪城和洛杉矶市中心

到山脊上，两层共有四间独立研究室，有桥连通到图书馆的环形主楼。西侧的下沉庭院是120座的报告厅以及学者休息室。

这期间，我每月去洛杉矶参加五花八门的会议，讨论的内容包罗万象，从电车的颜色到礼堂的音响，从总体抗震结构到整个场地的排水设施配备。随着项目从概念走向实际，提建议的人也越来越多。有些意见被巧妙吸收，也有些意见被悄悄忽略，但消防部门的意见都是强制性的，无法回避。土地使用许可证强制要求盖蒂中心的每个主要建筑近旁都要设直升机停机坪，以供消防直升机紧急补充燃料和水。在消防部门的坚持下，我们不得不重新设计从入口广场到博物馆的坡道，以适应消防车的要求。

整个1990年，预算仍然是各相关方的痛点。那年5月，威廉姆斯在我公司会议室召开会议，专门讨论这个问题。他回顾过去十年，保罗·盖蒂去世后，盖蒂信托接手过来的只是个博物馆项目。考虑到不可能再建一个综合收藏20世纪艺术品的博物馆，盖蒂信托决定创建一个新的艺术中心，致力于艺术研究。他说，人文与艺术史研究所将拥有全球最好的艺术史资源，而保护研究所已经有了世界顶尖的科研团队。他还说，盖蒂信托决定把各个项目合并起来的时候，他自己都不敢相信会找到这样一块地方。在一番充满外交辞令、鼓舞士气的铺垫之后，他谈到了钱的问题。他指出，盖蒂信托的拨款约为33亿美元，每年的实际收益率要达到5.3%才能支撑项目运行，这也就意味着每年的毛收益率至少要达到9.25%~10%。1987年10月华尔街崩盘后市场疲软，财务表现很难达到预期。最后，威廉姆斯回到重点——拨款是用于项目的整体运作的，建筑预算就只有这么多了，不会再增加。

问题是，建筑的成本估价一直在增加，从1988年9月的6亿美元增加到6.4亿美元，然后是现在的6.9亿美元。根据丁威迪工程公司的最新估算，最高会达到7.895亿美元。每次预算危机，伴随的就是可能要重新设计整个盖蒂中心。1990年9月6日，我参加了一个工程预算会议，朗特里

基地上有灌木丛和加州橡树。只有少量大树需要保留，先挖出来移进种植箱，等待确定新的位置

在会上传达了威廉姆斯的最新思路。他提出四种可能性：在不进行重大的设计调整的前提下，尽一切可能将预算削减至6.9亿美元；进行大规模的重新设计（博物馆建筑群可能合并成一栋建筑，我很不情愿地接受了这个想法）；放弃整个项目；保留现有的设计并暂停施工，等完成所有的施工图再做招投标。对于最后一种选择，威廉姆斯并不认可。

我们闷闷不乐地坐在一起，讨论削减成本的措施：取消有轨电车，重新安排临时展厅下的餐饮服务设施，把40%的石材面层替换成石灰面层。盖蒂项目的建设成本顾问戴夫·玛戈夫（Dave Margolf）说，他可以把预算削减到7.35亿美元。但我不知道的是，丁威迪工程公司已经有了详细的备选预算方案。1990年9月11日，我在纽约收到了这份方案以及朗特里的备忘录，说威廉姆斯也认为博物馆用石材做外墙材料太贵了。我惊呆了，马上拿起电话打给威廉姆斯，告诉他我非常吃惊，一直被蒙在鼓里，对这些颠覆性的调整一无所知，这些调整明显是成本顾问和承建商在我不知情的情况下做出的。

在这种敌对的气氛中，新一轮旷日持久的预算之战开始了。我要求我们所有的技术咨询公司提出更多的压缩成本的方法。同时，在不影响项目质量的前提下，我也继续寻求削减开支的办法。10月初，威廉姆斯收到了7.33亿美元的修正预算，

根据丹·凯利的网格化景观方案，在基地东坡种下第一批加州橡树

挖出来的土在保护研究所的基址上堆成了小山，下面是种满树的山谷。这个部分最后施工，所以土方都堆在这儿

但这对缓解危机而言简直是杯水车薪，我开始绝望了。1990年11月，我起草了一封致盖蒂信托董事会的信，要求参加董事会的下一次会议，当面陈述我的意见，反对卡斯滕/亨特曼·玛戈夫与丁威迪工程公司一起提出的削减成本计划。

那封信没有寄出去，因为我终于让威廉姆斯意识到，用灰泥代替石头和金属会毁了建筑的外观。我同意削减挡土墙上的一部分石材，并全面使用薄石膏板代替灰泥来节省一些费用，但坚持在建筑外立面、室内完成面（如地板、入口和楼梯等处）保留石材和金属面板。我告诉他："灰泥外墙以后一定会出现裂缝和破碎，到时候无法补救。我可不想看到我们齐力创造的这个建筑六年后就面目全非了。"

几个月后，新一版预算出来了。1991年3月，洛杉矶规划委员会批准了最终设计方案，这套初步设计图纸和文件具有里程碑意义。一个月后，盖蒂信托的董事会也批准了这套图纸，还批准了所有的外装饰面材，我们可以开始施工图设计了。

接下来面对的是技术和构造上的问题，即如何将易裂的石材固定在钢架和混凝土结构的巨大立面上。在金属板包覆钢框架方面我有丰富的经验，但是以前没有用这种方式处理过石材，也没见过其他人这样做。我想用一定厚度的石材面层来取得庄严、沉重的材料效果，不想要贴面的那种效果，因为石材的薄贴做法

1991年11月的面层样板，可以看到金属与石材的对比。上面是浅米色金属板和印度砂岩，下面是劈裂面的罗马石灰华，多方搜寻后才找到

在现代建筑中太多见了。简而言之，我给自己设定了个自相矛盾的目标，就是石材的使用要让人既能感觉到它的厚重，又能明白它只是防雨层，并不承重。我们必须找到合适的切割工艺，使石材与其他部分的30平方英寸（约0.02平方米）大小的金属面板相匹配。要找到能满足这一要求的切石机确实很难，但我们最终还是成功了。我们多次讨论是否可以用开放式堆叠的石材构造作为透水防雨层，后来也成功了——先在结构外层做防水，与石材面层之间再设一道透气层，雨水即使透过了石材面层，也会从透气层空腔导流排出。

1991年10月9日，我们终于聚在一起向媒体公布了设计方案终稿。那是一个晴朗的早晨，约

1991年10月为了向媒体发布设计成果，基地上支起了一顶帐篷

有两百人来到山顶，都是为了这个等待已久的时刻。我们在博物馆的基址上搭起巨型白色帐篷，在里面展示了盖蒂中心的设计图和28英尺（约8.5米）长的木模型。这是我们迄今打造过的最大的模型，很有看头。威廉姆斯和朗特里谈到了梦想如何变成现实，我的演讲阐释了基本的设计原则。模型看起来很梦幻，但刹那间我们都感到一丝无助——以前这项目是我们自己的事儿，可现在，谁都可以来品评我们做了什么或者没做什么。

媒体报道铺天盖地而来，但大多数只是简单的项目描述，我更感兴趣的是建筑评论家的反应，当然对他们的意见也并不总是认同。保罗·戈德伯格（Paul Goldberger）在《纽约时报》上发表了《盖蒂中心能买到完美的设计吗》，他写道："迈耶先生的设计，以六个相似但不完全相同的结构组成了综合体式的布局，庄严又富于魅力，但没有任何出挑的元素，也没有统领一致的建筑风格。"虽然我跟保罗是老朋友了，但我还是要说：这个项目的规模和复杂性可能超出了他的眼界，所以他的看法也就不是那么透彻。

《时代》（*Times*）杂志的柯特·安德森（Kurt Andersen）他们最先意识到我这次的设计是有所突破的，并非想当然的白色风格。所以，即便安德森对饰面材料的理解有误，我还是挺喜欢他的文章。

> 总而言之，灰泥和剁斧石材将为盖蒂中心带来很棒的质感，这是迈耶以往的作品里没有的。盖蒂中心的外形充满活力，甚至有些躁动，完全不是迈耶式的冷峻。阳台、外廊和百叶取代了平整光滑的金属、玻璃面板。如果盖蒂中心能成为一个舒适愉悦、充满活力的处所，那恐怕是因为它既有超越白色的优雅，又不是严整簇新的，没有做成个华丽的巨无霸。崎岖的地形加上迈耶巧妙的设计，将大量的功能需求揉入进来，示以新奇的角度和几近稚拙的并置，而不是把建筑物像珠宝一样嵌到刻板的轴网里。

对项目的所有参与者来说，这都是一个欢欣鼓舞的时刻。设计全面成形，工程预算解决了，布伦特伍德业主协会得到了安抚，消防部门和建筑部门的审核通过了，平整场地和景观种植都在进行，市政府也站在了我们这一边……虽然过程痛苦，但我们毕竟走了这么远，现在终于可以开工了。一个月后，我写信给威廉姆斯，提议将落成典礼定在1996年10月12日，正巧也是我62岁生日。

第五章 工程缓现

1991年，我进入盖蒂项目的第七年，方案终于展示出来，我们得到片刻喘息，现在又要深吸一口气，接着跑马拉松。不是每个人都会坚持到底，1990年春天，路易斯·蒙雷亚尔辞去了保护研究所所长职务，出任巴塞罗那凯克萨银行文化项目的总监，接替他的是米格尔·安杰尔·科尔索（Miguel Angel Corzo），一位机智而富有活力的墨西哥艺术史学家。遗憾的是，两年后库特·福斯特到苏黎世联邦工学院建筑史专业做了终身教授，他的副手托马斯·里斯（Thomas Reese）成为人文与艺术史研究所的临时所长，做得很好，直到1994年1月塞尔瓦托·塞提斯（Salvatore Settis）出任所长。这些变化意味着我们需要建立新的关系，当然项目的主要决策权还是集中在哈罗德·威廉姆斯、斯蒂芬·朗特里和约翰·沃尔什手中。

洛杉矶办公室当时有70多位建筑师，也在不断更替，人员流动比例很高的时候也是精力枯竭和士气低落的时候。年轻的建筑师们对没完没了地画消防楼梯、门窗大样感到厌倦，这一点儿也不奇怪，林林总总的无聊元素的设计一干就是几个月甚至几年。这段时间，迈克尔·帕拉迪诺一直是我坚强的后盾，他高效地指导日常工作，我不在洛杉矶的时候，他与盖蒂的职能人员开了数不清的会，就算压力再大，他也能保持一贯的冷静。在这方面，我们的个性完美互补——我倾向于以一种直

1991年9月，两处土方工程实景，基地入口处的六层地下停车场

觉、明确、毫不含糊的方式做出反应，迈克尔则对任何情况都报以更谨慎、更有分寸的回应。

那段时间我特别忙，洛杉矶办公室紧密配合盖蒂委员会的工作，纽约办公室则忙着设计海牙的市政厅和图书馆、巴黎运河和电视总部，以及巴塞罗那当代艺术博物馆。我和我的员工们都相当紧张，我除了每月往返于纽约和西海岸，还得定期出差去欧洲项目。帕拉迪诺和我中标了洛杉矶的一个设计邀请赛，为比华利山庄设计新的广播电视博物馆，这个项目做得很开心，只用两年就完成了。然而，不管我在洛杉矶、纽约还是巴黎，盖蒂中心在我心里一直是最重要的。

在洛杉矶，我与弗兰克·伊斯雷尔（Frank Israel）、理查德·温斯坦（Richard Weinstein）和提姆·弗里兰德（Tim Vreeland）等来自东海岸的老同事们重新熟络起来，他们都比我早搬来西海岸。他们把我介绍给洛杉矶的一流建筑师和其他名人。我在提姆、南希夫妇举办的晚宴上认识了设计师萝斯·塔罗（Rose Tarlow），当时她在为大卫·格芬（David Geffen）改造旧杰克·华纳庄园。萝斯·塔罗后来成为我生命中的重要角色，认识她是我在洛杉矶的工作和生活中最美好的经历之一。

长期在纽约、洛杉矶以及欧洲之间穿梭，不经意间让我重拾早期的艺术创作。自打放弃了天真远大的建筑师+画家的跨界梦想，我就沉迷于做各种稀奇古怪的拼贴画，但没什么时间搞大量的创作。我把最好的拼贴画作品装裱起来，挂在家里、送给朋友，也偶尔展出。直到1980年前后，我开始定期在欧美大陆之间飞来飞去，情况就不同了，为了应付乏味的飞行时间，我精心设计、制作了一个拼贴作品盒，可以方便地放在飞机的折叠桌上。盒子里装了我做拼贴需要的所有东西，胶水、颜料、剪刀、卡纸，以及在日常生活中收集的各种印刷品和碎照片，再加上彩色纸。从纽约到洛杉矶的单程航班上，我能完成五幅拼贴画，去欧洲、远东的路途上做得更多。

很快我就发现没法儿把每幅拼贴画都裱起来了，得另外想办法保存。做画册的想法冒了出来，就像勒·柯布西耶旅行时随身带着草图本一样。我定了个标准版式，每本36页，9.5英寸×12英寸（约24.1厘米×30.5厘米）。就这样，我有条不紊地开始一本册子接一本册子地创作，每次乘飞机都要带上我的拼贴盒和正在做的小册子，到现在已经做了1000多幅拼贴画，填满了30多本册子，每本36幅。拼贴原料都是旅途中随手留下来的，所以总在变化，有发票、门票、酒店便签、包装纸，还有从杂志和展会目录里挑出来的各种印刷品碎片。册子都有日期和编号，成了我近20年来的非语言日志，普鲁斯特式的备忘录，让我记住某个独特的场合，记录时间的流逝，以及身边同

1991年7月至1993年12月，项目的最终全模型，由17个小模型拼合而成，比例为1：48。装好之后的尺寸有17英尺 × 37英尺 × 5英尺（约5.2米 × 11.3米 × 1.5米）。因为太大，只能将其拉去派拉蒙公司的摄影棚里拍摄

事和朋友们的更替变化。

与盖蒂委员会进行的设计讨论和成本讨论没完没了，但我并没有对项目失去热情。我随时与洛杉矶电话联络，回西海岸时也总是精神饱满。随着工程推进，每次踏勘工地都会看到些变化，每栋完工的建筑都与预想不完全一致，我留意着项目中的各种关系，也常有出乎意料。我的行程安排也有偏向，每个月大概在洛杉矶工作两周，其他时间回纽约或者去欧洲处理其他项目。

完整的设计方案向公众公布之后，设计过程好像是已经结束了。实际上，自打盖蒂项目决定采用所谓的“快车道”式建设，我们就不断地修改，不断地重新设计，甚至边施工边出图。因为施工方已经进场，面对众多工程顾问和承建商，我的团队还必须领先几步走在前面。传统的做法是在动土之前完成所有施工图纸，但那样做至少会推迟两年才能完工。“快车道”式施工引发了无休止的混乱，因为削减成本措施还在持续，建筑计划也时常有意外的修改，都不断迫

开挖底层停车场，旁边是我儿子约瑟夫，作为尺度参照

使我们重新设计和制图。比如说，有一处变更涉及重新设计参观者从有轨电车车站、入口广场到博物馆主入口的路线。因为这些变更，已经审定了的图纸又被追加了近千页，还势必造成各分包商重新修订施工图大样、采暖通风安装，调整复杂的给排水和电气设计。为了跟进这些计划外的工作，我甚至增加了15位建筑师，组成第2轮班组，专门负责电脑制图。

大众通常会认为建筑师主要是负责设计的部分，但对我来说，吸引我从事这个职业的是整个建造的过程而不仅仅是设计，从最开始就是如此，35年来从未改变。盖蒂中心开工的最初几个月，我会爬到基地的最高点去观察挖掘机、运土车、平地机，看它们相互配合的舞步。我逐渐喜欢上这些巨型设备的轰鸣，后来还认识了现场操作的司机们。随着他们破土开挖，我也在眼前的空地上默默描绘着盖蒂中心将来的样子。因为功能需要和高度限制，建筑的地下部分有三层，几乎占了一半的面积，由此开挖范围非常大，从北端的大礼堂到南端的博物馆，有将近300码（约274米）的开挖。

我在这个项目中反复领悟到的是，每一次迈进都与挫折相伴，开工的兴奋劲儿很快就撞上了新一轮的预算危机。我决意保证建筑的品质，这并非出于虚荣心，而是为了实现甲方对盖蒂中心的愿景。可是早在1985年，盖蒂委员会就向我明确表

1994年5月，底层的钢筋混凝土施工

［上］1995年2月，钢结构起来之后，一半以上的建筑都显出了大概轮廓。中间是博物馆，远处是大礼堂和盖蒂信托的办公室
［下］1995年4月，能看到博物馆的庭院、临时展厅和入口圆形大厅的钢结构框架

示，在有关建筑成本的决策中，我没有发言权，他们自己来决定花多少钱、花在哪儿以及怎么花。

在1992年2月10日的会议上，哈罗德·威廉姆斯表示对我们的设计很满意，随后又提醒我们将面临第二次世界大战以来最严重的经济萧条，这意味着他的预算现在被冻结了。他还建议我任命一位新的高级经理来降低工程成本，我事务所的唐·巴克和吉姆·克劳福德共同承担了这个任务。3月6日，威廉姆斯在警告之后又写了一封信，告诉朗特里和我："除非我们大幅削减成本，否则项目就不存在了。"他重申了用灰泥来代替石材和金属面板的建议，信的结尾很尖锐："我们将通过合作取得最好的结果。我们不需要对手，我们要的是合作伙伴。"

仅仅四天之后，威廉姆斯又写了一份新的备忘录，矛头直指我："很明显，你一直不愿意积极地处理成本问题，我理解你对设计元素的坚持，但是这样做的后果是我们在成本问题上从队友变成了敌人。这样不行。"

这让我既惊讶又尴尬，在我看来，就算我没有热情洋溢地接受成本削减，至少一直在积极地配合行动。更重要的是，预算的膨胀完全不在我的掌控范围内。前几年，盖蒂项目自己的专家和施工经理不断低估成本，导致了后来没完没了的调整。现在随着分包合同谈判又不得不再次修订成本、上调预算，同时寻求新的节省办法。接下来的情况更糟糕——早先承诺以固定价格供货的分包商开始找上门，要求提高费用。以有轨电车为例，600万美元的合同莫名其妙地涨到了1200万美元；金属外墙板方面，之前双方认可的投标价格是4000万美元，现在提高到1.1亿美元以上。丁威迪工程公司预估的现场安保设备成本为400万美元，实际核算却翻了10倍。成本节节攀升，很难探到上限。的确，盖蒂项目的机械设备服务和安保系统一直在升级，但我也有一种感觉——承建商的利润率也水涨船高。

事后看来，很明显，盖蒂管理团队在前期设计中很依赖我，但此时想要弱化我的角色。我和沃尔什就博物馆画廊的室内设计进行了长时间的讨论，从理论、概念，到每幅油画最终要挂在哪里。1992年，沃尔什、威廉姆斯、朗特里和盖蒂信托的其他人做了个决定，一致认为博物馆的装饰艺术收藏品应该陈列在法国18世纪风格的展室里。这显然不是我的专长，于是他们请来了纽约著名的法国建筑师、室内设计师希瑞·德斯邦德（Thierry Despont）来实现这种效果。

对于这样的安排，我自然是毫无热情。我完全不认同用“旧世界”的背景来展示装饰艺术品，在我设计的法兰克福和亚特兰大的博物馆里，都没有这样的背景，展品看起来非常完美而自在，但沃尔什他们的立场也很坚定。最终我和德斯邦德合作得

1994年，底层钢筋混凝土施工。钢筋和模板的准备阶段，钢筋笼快绑好了

相当不错，他和色彩顾问唐纳德·考夫曼（Donald Kaufman）、塔菲·达尔（Taffy Dahl）一起选择画廊的壁布和其他饰面材料的颜色和质地，在这个漫长的过程中也可以看出他很善于和博物馆的高层们打交道。但在德斯邦德刚被任命的时候，我把这个举动看作盖蒂信托对我的信任不断减弱的又一个信号。

硬塞进来另一个设计师可能并不打紧，可威廉姆斯告诉我，他想让丹·凯利取代现在的景观设计师。盖蒂委员会还任命了一名当地建筑师，在基地东侧的山脚下设计一座仓储和维护用房。最重要的是，威廉姆斯对我们预估的施工期间的设计费深感不满。他还抱怨我们的室内设计方案，说差到让盖蒂委员会考虑再找一位建筑师来做办公室、实验室和图书馆的家具布置。很明显，我们正在失去客户的信任。朗特里在1992年5月19日的一封信中表示：如果所有办公室都要遵从我的基本审美，那恐怕“各个机构的办公室看起来都差不多”。他还说：“坦率地说，我不认为你能把各处空间都处理得很好，所以最好还是把注意力放在最具公共性的建筑上。”

这里显然有沟通上的问题，对此我的确有责任。盖蒂委员会既要全力提升项目又要控制成本，难免感到沮丧和焦虑，可是，此时来指责我固执、不合作，这让我觉得自己成了压力之下的替罪羊，我的团队也遭遇了前所未有的士气低落。我们在

1994年12月到1995年3月的施工进展，从博物馆南平台看下去的景象

黑暗中摸索前进，希望梦想成为现实。可是，每个晚上都有不同的梦，新的诉求又会驳斥先前的梦，对每个人来说，这都是一段极其艰难的探索。我们朝着最终的目标进发，但即使到了目前的施工阶段，前路仍未可知。

面对这些批评，我的回应是提高自己的团队效率，与盖蒂委员会打交道时也尽可能迁就他们。我也可以选择放弃这个项目，但之前已经投入了太多的时间、精力和热情在这里。威廉姆斯请来了乔·卡特克利夫（Joe Cutcliffe），他是一名经验丰富的职场治疗师，此前一直为盖蒂信托的员工提供咨询服务，帮助他们解决一些内部困境。卡特克利夫的任务是充当类似婚姻顾问的角色，缓解我的事务所、盖

1994年，在“快车道”施工方式下，工程进展极快，但我们还是提前赶出建筑大样图

蒂委员会和丁威迪工程公司之间的紧张关系。我们第一次碰面交谈是在午餐时，那会儿我还半信半疑，但从长期来看，他还是很有帮助的：他建议用一系列半自治的团队来处理不同的问题，并加速决策进程。慢慢地，危机开始缓解，经过长时间的讨论，最终我与盖蒂委员会重新协商了合同，他们也确定不会找其他建筑师来做室内设计。

可是，在一个很关键的地方，我遭遇了重大挫折。早在1992年3月，约翰·沃尔什就对我们的中央花园景观方案提出怀疑。这个花园是博物馆和保护研究所之间的主要室外公共空间，在沃尔什提交给威廉姆斯的一份备忘录中，他认为迄今为止的景观方案中看不到任何诗意，建议把这一处的设计推翻重来。为了体现盖蒂中心的整体理念，他提出了两种方式：一种方式是把加州本土植物与来自世界各地的植物混合起来，组成一个小型植物园。另一种方式的灵感来自格拉纳达的阿尔罕布拉宫，他建议从基地各处引来灌溉的小渠，汇聚在此，象征着盖蒂中心创造力的融合。最让人担心的是，他认为俯瞰柑橘林的那个底层平台应该请一位艺术家来设计。

在我看来，让盖蒂团队不安的原因在于：盖蒂中心的其他部分都有各自的设计任务，但是这个花园没有，它也不归哪个部门管辖。于是盖蒂团队纠结于怎么给这个花园赋予意义，想办法控制它。中央花园的主轴就像一条脊柱，把综合体的三个“环”连接在一起——博物馆的圆鼓形入口，保护研究所的环形庭院，还有个本来要建在观景台下柑橘林里的圆形倒影池。

实际上，我们打算把中央花园设计成主要的户外公共空间，由一系列区域组成，有的做种植，有的做铺装，游客可以穿行其中，自由地漫步向下，经过一连串的水池和庭院，最后到达连接博物馆和保护研究所的那堵长长的景墙，从这里俯瞰整个城市。这种多样化的环境中，可以交谈讨论也可以沉思放松，可以独处也可以聚会。我们希望花园空间也能响应盖蒂中心的复杂属性：在花园里可以聚会，可以开小型研讨会，可以举办音乐会；欣赏自然风光的时候可以成群结队也可以独自一人。在宜人的加州气候下，打造一处意大利风格的花园，此处天时地利。

但这是不可能的。几个月后，加州艺术家罗伯特·欧文（Robert Irwin）被任命为中央花园的设计师。1993年8月3日，威廉姆斯和欧文开了个会，也邀请我参加。会上，欧文想要搞清楚甲方对他的期待是什么。威廉姆斯他们把需要做园林景观的地方圈给他看，欧文答应花几个月的时间来研究地形，对场地有个总体印象，然后向威廉姆斯、沃尔什和朗特里提交第一轮设想，根据他们的反馈来决定是否接受这个项目的设计邀请。

加进来一位艺术家（无论是谁）这件事让我感到不安，因

1994年春天，大礼堂钢结构成形，勾勒出基地和周边的动人美景

为我认为中央花园是建筑方案的重要组成部分。理论上，欧文是来跟我配合工作的，实际上却行不通。不久，欧文被正式任命，我听说他这一次的设计将是“原创的、独特的基地专属作品”。朗特里略带慎重地提醒我：“鲍勃（欧文的昵称）知道他必须得到您的热情支持。”

我别无选择，只能接受盖蒂委员会的决定，但我很难适应欧文的参与，也很难接受他这次的设计风格。我很快发现，我是唯一一个对此持保留意见的人。5月，欧文的设计正式汇报之后，威廉姆斯写信给我，表达了他对欧文作品的欣赏。我努力与欧文合作，想在中央花园其余部分的设计中有所控制，威廉姆斯同意在这些地方做绿化、水系、空地和阴凉地儿。

这事儿从夏天一直拖到秋天也没完。9月，盖蒂委员会明确表示，欧文只负责峡谷区和碗状区，也就是花园较低的那部分，朗特里也强调了我作为建筑师有权协调项目各个方面，不过后来发现很难协调。在1992年10月6日的会上，我准备了图纸，向斯蒂芬·朗特里展示欧文在盖蒂中心整体总平面规划背景下的最新方案，同时表达了我的担忧——欧文的方案基本没考虑建筑基调。他用耐候钢板在博物馆和保护研究所之间做了锯齿状坡道，一直向南延伸，坡道的尽头是圆形的迷宫水池，也是这个设计作品的重心。耐候钢板用在这儿令人感到相当烦

1995年春天，博物馆和入口圆厅的钢框架

乱，这种铁锈色的氧化钢板往往会破坏周围的景观。

此时，劳瑞·奥林已经接替丹·凯利成为景观设计师，盖蒂委员会对他对植物素材的整体处理感到满意。奥林当然不想卷入这场辩论，他知道我对欧文的方案不满意，也知道欧文不会接受任何改变，更知道在这个问题上自己的意见没什么分量。

在1994年4月，景观设计上的分歧得到了最终解决。4月6日，我向威廉姆斯发出了最后一次呼吁，建议邀请已解散的设计咨询委员会对中央花园的备选方案进行评估："委员会可以开个研讨会，会上我们驱散迷雾，对形势进行合理的审视，一劳永逸地解决这个问题。"威廉姆斯立即回应，宣布实施欧文的方案，并且没有回旋的余地。他表示非常重视我对这件事的关注，但还是认为采用欧文的设计能够更好地实现盖蒂信托的目标。

在整个事件中，对我来说最难接受的是：欧文被当作艺术家，而我却被降格为二流的建筑师。他的创意是不容置疑的，而且只有象征性的成本控制，而我的方案却成了大家的矛头所向。回顾整个过程，我才逐渐明白为什么盖蒂委员会要请艺术家来设计中央花园的低区，这也不是唯一的一次。1993年5月，他们请来艺术家詹姆斯·特瑞尔（James Turrell），要为中央花园的高区做三个"基地专属作品"："天光空间"——36平方英尺（约3.3平方米）的柱状无顶空间；"石窟"——一个黑暗的空间，只有很少的自然光；“光槽”——可以照亮中心花园下的暗部。这些方案最终都没有实现，成本问题只是表面上的原因。

早在1992年3月7日，欧文被正式任命之前，库尔特·福斯特就传了一份备忘录，充分体现了他对景观问题的关注。他似乎非常渴望赋予盖蒂花园某种强烈的个性，甚至设想了一处景观叫作“潜藏中心”。他认为，山坡和台地应该强化游客们对地表肌理和地形变化的感受，从而唤起一种在后工业时代已经基本丧失了的体验，而设计师的任务是展示基地的本质，也就是土壤、水和石头这些基本要素。他说，完全可以召来像詹姆斯·特瑞尔这样的大艺术家，在中心花园里建个观景台，成为观察天光流转的好地方。库尔特觉得中心花园最大的缺点就是缺乏统一性，甚至还提到了罗伯特·欧文的名字。他还认为，虽然取消了原设计中的景观墙，但是不应因此让中心花园的轮廓模糊，任由它融入下面的山谷中。

这个评论多少表达了盖蒂委员会对我的中央花园方案的保留意见，同时响应了我早前的顾虑——如果取消景观墙，中央花园难免漫入山谷，失去形构。我很欢迎有鲜明场地特性的艺术作品融到中央花园来，但是不希望它破坏景观的整体性。

在盖蒂中心的早期园林方案中，我用了大量水体。基地远眺太平洋，颇具地中海特色，但南加州毕竟干旱，盖蒂委员会担心

1995年夏天，从庭院望向博物馆入口圆厅，框架已进入收口阶段

水体的大量使用会有铺张炫耀之嫌；浇浇草坪没什么，持续工作的循环喷泉就是另外一回事儿了。早期设想的那些大喷泉、大水池后来被缩减成五处水景：第一处是逐级跌落喷泉，伴在入口广场到博物馆的大台阶旁；第二处是跌落喷泉流进入口广场旁的水池，池中喷泉溅落的水声仿佛迎客，为参观者带来耳目一新的感受；第三处是中央花园上层，沿着博物馆西侧有一处伊斯兰风格的水体，汇进锥形水盂，再倾泻到下层的花园；第四处是在博物馆的院子里有一列70个拱形水柱，形成7.5英尺（约2.3米）高的壮观拱廊，灵感来自阿尔罕布拉宫的喷泉；第五处水体是大圆喷泉以及延伸到博物馆庭院南端的水池，它和北侧的博物馆入口圆厅、西侧的保护研究所庭院都有轴线关系。

在日本和中国的造园传统中，水池是石头自由发挥的舞台，所以首先得找到合适的石头。我求助于劳瑞·奥林，他知道加州峡谷泉有个采石场，那儿的老板兰迪·弗洛克（Laddie Flock）好像明白我们的需求，同事丹尼斯·希柯克（Dennis Hickok）和劳瑞·奥林描述了设计意图之后，兰迪在林子里专门弄了个水池，里面放了些单色的石块样品，我们当场代表盖蒂委员会做出决定，选了偏白色的岩石，带有淡淡的蓝纹。这种柔软的曲线纹路是风化作用的结果，历经了上千年才形成。

近30吨重的河石很快运到了现场，我们试着把石头堆成兰迪

［上］博物馆劈裂感的石灰华墙面、保护研究所底层的混凝土结构多少能看出建筑最终的样子了
［下］北组团地下室的抗震混凝土正在施工

［上］博物馆和保护研究所开始成形
［下］博物馆圆厅的天光

在树林水池里堆的那样，这个过程很有意思，也很艰难。用吊车把这些大石头摆成这样那样，不断尝试，整个过程极其耗时。最后，这组大石头的造型确定下来，用混凝土固定在浅水池中。有的石头几乎没入水中，有的石头在水流中焕发着从视觉、听觉到触觉的生动活力，伴着喷泉声，为炎炎夏日带来凉爽。

幸运的是，除了在中央花园设计上的分歧，项目其余部分进展得很顺利。我们安排中央广场北圈的单体（大礼堂、盖蒂信托行政楼、保护研究所、捐赠部门、艺术教育中心、餐厅和咖啡厅）率先完工入驻，博物馆和人文与艺术史研究所随后。整个基地同时开挖，博物馆的工期本来就要长一些，况且它的地下室里还得存放整个基地用的机械设备。我们对布伦特伍德业主协会承诺过不从场地中运走土方，这极大地增加了土方工程的难度。

丁威迪工程公司定下了顺时针的施工顺序，从北组团开始，接着是博物馆，保护研究所排在最后。各项施工纷纷开始，接下来的三年里，九百多个戴着安全帽的建筑工人日日夜夜在现场，操作着运土车、水泥搅拌机和巨大的起重机，载着钢柱、横梁和桁架穿行各处。浇筑基础和地下室用的混凝土多达数千吨，地上部分的钢框架成形之前，没人能想象出各部分建筑之间的最终关系。日复一日，仿佛有一只无形的手在空中勾画，整个综合体的骨架形状慢慢浮现。多少个破晓时分，我巡视工地，看着这些难以置信的大骨架缓缓生长，从高速路经过的司机们也终于相信盖蒂中心的确是动工了。

随着项目进展，也出现了一系列意想不到的新问题。在高层办公建筑中，通常在吊顶和结构顶板之间至少预留4英尺（约1.2米）的净空来布置电气和机械设备，还要满足结构、防火、上下水和喷淋系统的空间需求。在土地许可限定总高45英尺（约13.7米），也就是层高15英尺（约4.6米）的条件下，我们仍然做到了地板到天花板净高10英尺（约3.0米），比标准的高层办公楼净高还要多出1英尺（约0.3米），并且预留夹层空间5英尺（约1.5米）。由于有特殊的抗震要求，以及盖蒂委员会要求格外精细的湿度、温度控制，这5英尺（约1.5米）的夹层空间实际上还是很紧张的。为了把保护研究所实验室的所有管道设备都安排进去，我们的技术顾问不得不紧急论证，重新协调所有的设备装置。与此同时，在工程进行中，设备需求和抗震标准也在不断地变更……最终所有的需求都被协调进去了。这种出乎意料的难题我们还遇到了很多很多。

“快车道”施工法还要求盖蒂团队、设计团队、施工团队和施工经理之间进行密切协调，压缩成本带来的麻烦也是有增无减。每次设计中有所删减，施工图就得跟着改动、调整。很多压缩成本的措施是瞄准当前还未施工的细部，只要有必要并

[上] 从博物馆看向北组团和远处的保护研究所，可以看到研究所外墙金属面板内侧的保温层已经安装完毕
[下] 越过餐厅、咖啡厅望向保护研究所
[右页] 从保护研究所的平台看向博物馆

且可行，这些变更都会修订到原版的施工图上。

我们压缩成本的措施之一是降低行政大楼和特展馆的钢结构抗震标准，仿佛命中注定，仅仅六周后，在1994年1月17日，诺斯汀地震冲击了洛杉矶，造成了大范围的破坏。当时我在纽约，立即接到电话通知："……没问题，这儿什么事儿都没有。"后来，进一步的检查发现钢框架的焊点和镀层节点处有令人不安的微裂，所幸并未针对这些部位削减成本，否则很难说这不是成本措施导致的后果。

目前的抗震经验主要是关于水平震动的，抗震规范也主要针对水平方向的应力。然而，这次强震却是垂直方向的。地震破坏了人文与艺术史研究所设在圣塔莫尼卡的临时图书馆，书被震落满地，连门都推不开。天花板上的喷淋设施被触发，喷淋水全都浇在书上。只好从合页处卸除房门，拖车也很快被调到现场，应急措施的第一步是把各处的书籍集中到冷藏设施里进行冷却干燥。不用说，盖蒂中心这边的书架也必须得重新设计。

幸运的是，当时钢结构还没覆防火层，接缝处的细微裂缝尚能一目了然，只是修复办法还不明确。首先，对所有的节点都要进行超声检查，以确定损伤的程度。钢骨框架一直是最可靠的抗震结构之一，因此这些损伤更令人感到不安。而且，关于如何修复损伤、如何恢复节点的强度和耐久性，还没有公认的最佳方案。盖蒂信托做事从不半途而废，在这件事情上更是如此——他们与得克萨斯大学合作，资助了一个碰撞研究项目，在大量的钢结构典型节点上模拟地震垂直震动的破坏。

试验结果将损伤原因归结于焊点的脆性和焊接工艺的不足。为此，改进了梁、柱连接方式，为连接处顶部和底部的法兰盘增加了焊接盖板，对盖蒂项目所有已安装的钢结构都实施了这一做法，对两栋未完工建筑的钢框架所有连接处都重新设计，以符合新标准。结构工程师罗伯特·恩格尔柯克建议聘请焊接专家全面审查焊接规范和质量控制流程，盖蒂前期类似的外部审查已经做得很好了，但他仍然认为独立审查会带来改进。

到1994年年初，各单体负责人开始细化家具需求。室内设计师克里斯汀·基里安（Christine Kilian）和瑞克·欧文（Rick Irving）极富才华与经验，把甲方的特定需求一一转化成清晰、精准的方案，洛杉矶事务所可缺不了他们。办公空间的设计主要是处理部门间、员工间的关系，这关乎个人办公空间和集体办公空间的平衡，以及预留足够的储藏间和设备用房。还需要精心设计采光和照明，特定工作区域设置特殊家具，为书籍和艺术品准备充足的储藏空间。每个办公区域都是针对特定个人、特定团队的需求而专门设计的，没有模板可用。加州的阳光总是那么耀眼，而大多数人又是用电脑工作的，所以除了外墙上已有的遮光板，办公空间还配备了活动百叶窗。

过程中，我们设计了一系列既实用又漂亮的枫木橱柜和家具。可是1994年5月6日，朗特里告诉我，建筑师可以为礼堂、大堂、博物馆等公共区域选择家具，盖蒂中心自己负责办公室、实验室、商店和图书馆的家具，这次的理由又是预算，朗特里希望大部分家具都采用市面上的现货。万幸他没能如愿，我坚持为盖蒂中心的所有空间设计家具。为此，基里安和欧文着手调研个体需求，几乎访谈了盖蒂中心的每位员工。最终，几乎所有的家具、地毯、百叶和灯具都是我们设计、选购的，还包括博物馆和礼堂的座椅，每张桌子、每个橱柜都是为特定的空间专门设计的。这是一种参与式的民主实践：参考每个人的意见，经过周详的考虑，细微之处都得到了让个体愉快满意的安排。最后，每层办公室、每个部门都有自己的特点和个性，一眼就能认出来。

博物馆内部有大量的细部要确认，每件事情上都有好几种意见（博物馆馆长沃尔什拥有最后的决定权）。例如，画轨的高度用了好几个月才确定下来。我们开了很多会，讨论展馆天窗进来的自然光在一天之中的变化，如何用人工照明模拟自然光，墙体和壁布的颜色对整体环境光感的影响。画馆的地板通常用木制的，但地板的颜色、尺寸、纹路、款式和面漆还得我们来定。用来陈列精致书画作品和小物件的展柜也经历了长时间的设计讨论，最终被委托给了希瑞·德斯邦德来设计。

1994年的其他方面也不无乐趣。在弗兰克·斯特拉的鼓励下，我那两年一直在尝试焊接雕塑，那年9月17日在（纽约）苏豪区的利奥·卡斯泰利画廊举办个展，展出了近50件作品，并获得一些公众认可。这些作品的成型方式非常个性化，弗兰克把他在纽约毕肯泰利克铸造厂的一些资源给我用，那儿的主管迪克·波里奇（Dick Polich）和技术人员迈克尔·皮翁（Michael Pilon）对我进行了不锈钢焊接的速成教育。作品的原材料是我们洛杉矶模型工作室的废弃木片，我在铸造厂把它们压进金属。把这些破烂儿运回纽约可真不容易，但是我们总能想出这样那样的办法。我又重拾拼贴旧业了，这次用了更加立体的方式。随着展览会的日期临近，我越来越紧张，如果没有老朋友厄尔·柴尔德里斯（Earl Childress）的批评和帮助，没有利奥·卡斯泰利（Leo Castelli）对展览形式的建议，我是不可能成功的。马西莫·维格纳里亲自为我设计了漂亮的展览目录，画上了点睛的一笔。

1995年年初，北组团开始初步显现出最终的样子，博物馆、人文与艺术史研究所尚有大量的工作要做。令人鼓舞的是，工作的重点终于转向室内设计了，终点不再遥远。更令人欣慰的是，盖蒂项目管理团队的月度会议认为，相较多年以来的预算争议，如今更要紧的是工期（丁威迪工程公司预计要比正常进度延后数

施工期间，到达广场灌满水，变成临时水池，检测下方停车场的防水性能

从盖蒂信托行政楼窗户向北看，可以看到左侧岬角处的直升机停机坪

咖啡区向平台开放，上面是两层餐厅

盖蒂信托总裁办公室平台望出去的景观，可以看到保护研究所的金属面板外墙、博物馆展厅东侧的剁斧石墙面

月）。1995年1月9日的会议上，哈罗德·威廉姆斯宣布北组团应当在1996年3月15日完成，博物馆最迟在1997年1月17日完成，保护研究所比博物馆晚两个月完工。早些时候，博物馆工作人员估计，工程完工后需要10个月的安装时间才能使用，但威廉姆斯坚持认为盖蒂中心应该在1997年9月向公众开放。

随后，在1995年2月24日，我们收到了盖蒂的进度顾问波尔森施工管理公司的一份报告，报告显示几乎所有的施工进度都落后于计划，这很令人不安。波尔森施工管理公司估计北组团将在1996年5月或6月完成，因此威廉姆斯的博物馆工期目标只能修改。加快施工进度、加班加点工作无疑又拉高了成本，但此时盖蒂委员会只想着完工入驻。

每月至少一次，我一大早就和施工总经理罗恩·巴耶克（Ron Bayek）一起到工地各处走走。他热情、敬业，深受建筑工人们的尊敬，丁威迪工程公司只有少数几位高管从头至尾都在盖蒂项目上，他就是其中之一。在每月巡视中，工程中无法预见的方方面面细节问题我们都遭遇个遍。我们成了很好的搭档：有些危急的情况我毫无察觉，他会提醒我，我也立即回应，帮他解决一些问题。

北组团的外观和入口广场快完工的时候，室内装修的细木工、粉刷、地毯和设备安装也在快速推进，到了1996年春末，北组团已经可以入驻了。这一刻，就好像有两个盖蒂中心，一边是光彩夺目的新建筑，泰然围绕着令人惊叹的石灰华铺地广场，另一边仍然充斥着灰尘和噪声，到处是机器和工人。当年7月，从保护研究所开始，盖蒂的工作人员陆续搬进北组团。大家都对成果感到震惊，所有的磨难、考验、拖延和困境都已消散。奇怪的是，连最爱抱怨的人都不抱怨了，大家瞬间沉浸到真正的快乐中。

1996年8月14日，盖蒂信托搬进行政大楼的第二天，斯蒂芬·朗特里发来一封热情洋溢的信，与我分享这些建筑带给他的积极感受。他描述了阳光铺洒在建筑各处，充满和煦的节日氛围，员工们从各自的办公室信步穿过广场的情景……他回忆起我们共同参与这项事业已经12年了，实际发生的情况比我们之前设想的要困难得多。最后他说，大家对东组团和北组团印象很好，他感到过去付出的一切都值得了，他和盖蒂团队现在满怀信心和期待，盼着博物馆和保护研究所竣工。

搬进新办公室的那天，哈罗德·威廉姆斯俯瞰高速公路，欣赏着远山和洛杉矶市中心壮观的景色，感到格外开心，为自己、为盖蒂中心的所有人感到高兴，这种感受恐怕是他未曾预料到的。在这个庆祝的时刻，各种聚会、午餐会、团建会都让我感触良多。随着盖蒂中心的员工们入驻，我开始设想整个项目完工的那一天，我的职责也将结束。

第六章 曲终人谐

1996年末，北组团建筑群里圣诞聚会的喧闹声与博物馆庭院里起重机的轰鸣声此起彼伏，我在盖蒂中心的大部分工作已完成。仿佛命运之神也要强调这是项目的最后阶段，我在12月初得知，1997年美国建筑师协会金奖将授予我。这个荣誉让我激动万分，该奖每年颁发给协会中的一个成员，通常给那些职业生涯已到终点的建筑师，甚至有的是去世后才追授。获奖让我很受鼓舞，虽然金奖是对一位建筑师所有作品的总体肯定，但此时也像是业界对我在盖蒂中心取得的成就的认可。

对我来说同样重要的是，哈罗德·威廉姆斯给美国建筑师协会写了一封热情洋溢的推荐信，这封信帮助我更好地看待设计和建造盖蒂中心时所经历的困难、挫折。在整个工作过程中意外情况频发，常令双方的关系紧张。当然我并不是很容易打交道的建筑师，我对细节过于关注，常常固执地认为自己的专业意见在任何情况下都是最优方案，哈罗德·威廉姆斯肯定不止一次对我的倔劲儿感到绝望。我们曾经共同应对困境，他肯定对这些成就感到骄傲，不过十有八九，他更高兴盖蒂中心能沾光美国建筑师协会金奖。

总而言之，这是我在盖蒂中心最后一年的精彩记录，当开幕式临近时，我还没准备好回顾过往。1997年的头几个月，每当我从加州的家（那个简单而杂乱的房子）走去现场，映入眼帘的建筑大多已经很像样了。博物馆肌理强烈的石材外墙已经安装妥帖，研究所和临时展厅还是钢骨架笼子，看起来还有点古怪，最终形态要等覆上金属外墙才能看到。欧文做的场地艺术作品用了大量的环状耐候钢板，已经安装在中心花园底层南坡，但是它周围的景观以及保护研究所和博物馆之间的区域大多还没完成。为了赶上开幕期限，丁威迪工程公司的班组加班加点地赶工，把我们以前的预算之争完全抛在脑后。官方现在认可了盖蒂中心约10亿美元的最终成本，眼下最重要的是要按时完工，保证在1997年12月13日正式开幕。

在最后的几个月，我更关注那些数不胜数的小细节：景观树的准确位置、室内外家具的样式和位置，以及某些室内空间的色彩重点。最后同样重要的是，我还要敦促丁威迪工程公司安排所有的水体投入运行。施工方的纠改清单看起来没个头儿，有些是要调整的，有些是要收尾的。虽然到了总结的阶段，但是麻烦事一点儿也没变少，因为我决心要保证工程质量和装修水准，直到最后一块石头就位。到了这最后的时刻，工程中仍然充满各种令人伤脑筋的意外。比如，博物馆入口上方外墙拆除脚手架后，我们惊讶地发现已安装的金属板颜色略有不一致，当时别无选择，只能恢复一部分脚手架，把有问题的金属板换掉。另一个小危机是，负责确保残障人士在整个场地

有轨电车车站带有花园庭院和绿化景观，是从下层进入盖蒂中心的入口。人们离开地下车库后，从这里初步望见山脊上的盖蒂中心

安全通行的专家得出结论，风化花岗岩铺的人行道一旦濡湿，对轮椅来说就太软了，必须替换。我甚至飞到罗马去考察一种特殊的石灰华样品，希望它可以代替软质的铺路材料。有些办公室的行政人员也抱怨照到他们电脑屏幕上的阳光太强，有些地方得加装活动百叶窗。

最特别的状况，发生在二层的两间高天花板的精品小画廊的装修上。墙面的上半部分应该留白，但分包商错将整面墙都涂了。这个错误让我很高兴，因为空间效果更加统一了，但讽刺的是，约翰·沃尔什以前多次反对我那出了名的对白色的偏爱，现在他却反对一整面墙都是深蓝色，认为墙面上下的颜色区分能让下半部的挂画空间显得更亲切。我们又吵了起来，只不过这次他主张在上半部分留白，而我主张从上到下都用重色。这次争论我又输了，不得不说在这种事情上馆长的意见永远占上风。

但这并不一定意味着馆长的品位无懈可击，意大利建筑评论人弗朗西斯科·达尔·科（Francesco Dal Co）在1997年2月出版的《卡萨贝拉》（*Casabella*）杂志上发表了尖锐的编者评论，他写道：

不幸的是，盖蒂博物馆的某人，被达达主义的奇思异

从西北和北面看综合体，有轨电车轨道蜿蜒向上，从不断变化的视角看基地和山下的城市

想所打动，也可能只是因为品位太差，决定委托法裔美国室内设计师希瑞·德斯邦德来为迈耶设计的展厅做室内设计，而实际上迈耶希望这里和整个“盖蒂卫城”风格一致。来历不明的壁炉、复古的挂毯、塑性的天花线脚、参差的檐口，种种元素说不上是高贵、轻佻还是野蛮，仿佛一场惊心动魄的梦幻抑或梦魇，被德斯邦德的大笔一挥，带进了现实。1996年7月25日《洛杉矶时报》（*The Los Angeles Times*）宣称，这种装饰效果源于双方的故意对抗。事实并非如此，如果必须找个词来形容，与其用“对抗”，不如用“出卖”或“侵犯”更为合适。如果说有什么风格与迈耶最格格不入，那就是这种粗俗风格的大爆发。

到达广场和餐厅/咖啡厅之间的石材坡道是通往博物馆的消防通道，游客也可以走

博物馆展馆的室内陈设还在持续不断地引发争议。表面上，我们建筑师是室内外兼顾的，可是希瑞·德斯邦德被请来做时代展室的室内设计后，很多事情就变得没那么明确了。为避免更多的争论，斯蒂芬·朗特里说我的权限范围包括博物馆的室内公共空间，但展馆不在此列，这可真让人摸不着头脑。后来又听说博物馆的附带家具由当地艺术家和工匠设计，我对这种分工方式就更加抗拒了。突然间，一场自发的竞争开始了，我们和加州的家具商们都为博物馆设计了全套的长凳、沙发、桌子和椅子，盖蒂团队后来同意看看所有的方案，出乎意料的是，最终选中了我们设计的展馆家具。我很高兴地给约翰·沃尔什打电话，聊聊这对我、迈克尔·帕拉迪诺、克里斯汀·基里安、瑞克·欧文以及团队的其他建筑师们有多么重要，他们为完善这些家具方案付出了很多。我们费尽心思设计出的这些家具，既与建筑相匹配，又与这里相当保守的展示风格相容，使用了高质量的木材和皮革，把室内设计风格定调于现代美国工艺（如弗兰克·劳埃德·莱特的家具）和更抽象的现代建筑风格之间，后者也是我的建筑风格所在。然而，尽管选定了我们设计的家具，博物馆工作人员还是从加州工匠那里订了斯蒂克利（Stickley）桌椅的仿品，放到办公室。

1997年夏天，博物馆完工，保护研究所也接近完工，整

上层的有轨电车车站，直通到达广场，大多数游客会由此前行至博物馆的大台阶

[右页] 博物馆近景

个盖蒂中心看起来基本就绪。虽然建筑师都很善于对方案进行模拟和预见，但想法变成现实的那一刻仍是令人无与伦比地满足。不管你驻场多久，对项目多熟悉，还是会惊叹于空间关系的相互作用。项目从头到尾都在调整着数不清的细节，但整个建筑群的基本理念和形式没变。在这几近完工的时刻，我非常自信地认为这个作品既与基地相适应，也不负甲方的重托。

对许多人来说，盖蒂中心两侧高耸的石墙面给人一种城堡、修道院甚至意大利山城的感觉，但我设计的时候并没有这些画面和联想。当然得承认，从圣地亚哥高速公路向上看盖蒂中心时，石材确实让建筑带有纪念感，虽然这不是我的初衷。从西侧的布伦特伍德社区看过去，盖蒂中心整个建筑群更低调，与周围景观结合更紧密。我想要营造园区的感觉，访客到达入口广场时，就会产生亲切感和轻松感，仿佛各个地方都是几步路就能抵达。因此从一开始，有轨电车沿着蜿蜒的轨道爬向山顶，伴随而来的景观就有意引入一种期待感。游客首先看到的是大礼堂的弧形屋顶，片刻之后，目光就掠过它起伏的外观。下了车，进入视野的首先是博物馆的曲线轮廓，接着看到入口圆厅。继续走上通向博物馆那段宽阔的大台阶，不远处的山脊上就是保护研究所。

如果把盖蒂中心看作宗教建筑，那博物馆就像是大教堂，

［上］白色面板外墙的观景台，内设无障碍电梯，也是员工从到达广场进入综合体的入口
［下］从广场到博物馆的大台阶也是聚会场地

咖啡区的平台和餐厅，可以由此看到到达广场和北组团

保护研究所是修道院——前者对公众开放，后者仅供学者使用。再夸张点儿，石灰华铺地的入口广场堪比传统教堂的前广场，博物馆的入口类似大教堂前的台阶，游客可以坐在台阶上俯瞰入口广场。博物馆虽然没有钟塔，但是门厅是圆柱塔的形式，高耸的天窗强调了垂直线条，从广场和博物馆内院都能看到。同时，这种采光方式强化了空间感和石材效果，带来一种庄严感。门厅一侧是两间小剧场，分别设40座、60座，内有简介和宣传片。从门厅的楼梯可以走到下层150座的报告厅。

博物馆各展馆的参观路线会鼓励游客不时地走到室外，透过建筑框架欣赏贝尔艾尔的景色和远处白雪覆盖的圣加里布埃尔山脉。东面的城市全景令人惊叹，为这里的建筑提供了环境背景。借景远处城市地平线的难点在于，它并非作为一个大背景，而是被处理成一幅幅远景图，不时跳入视野。

各个展馆可以有不同的材料、展示形式和光线效果，这我同意，但是后来画廊之间、画廊与内外庭院间、画廊与露台间的过渡空间的自然光比例被削减过多，在我看来这有违盖蒂博物馆的设计理念。自然光不足、空间缺乏变化往往会导致“博物馆疲劳”，为此我们在参观序列中专门设计了各种过渡空间，游客还可以随时踱步到室外。可是，现在这些过渡空间却被急匆匆地加上了固定的遮光板和幕布，“加州阳光博物馆”

1997年5月，博物馆施工接近尾声，庭院和喷水池初具规模

［右页上］博物馆组群的二馆、三馆之间的部分，装饰艺术馆入口上的构架平台

［右页下］博物馆庭院里的原石长凳，是专门从意大利采石场挑选的

理念大打折扣。原本是根据春秋冬夏的不同、一天早晚的不同，通过活动遮光罩来调节自然光线，但博物馆员工最终决定在全馆削减自然光，这样一来，不但照明效果单调，参观者从昏暗的过渡空间走向室外的时候也会感到刺眼。

这一切好像是先前一幕的重演，那次我和迈克尔·帕拉迪诺没能保住礼堂的自然采光。最初礼堂设有一扇对外的景窗，对着西边的圣塔莫妮卡山，白天可以自然采光。薄窗纱可以漫射西晒，另有遮光百叶，可以满足在白天放映幻灯、视频和电影的需求。盖蒂中心对此毫无兴趣，就想要个黑盒子，只在后墙上洒有天窗的漫射光。僵持之下，我们做了个奇怪的让步：装了窗户但用石膏板封起来。希望将来某一天，管理者意识到这个伏笔的好处，会让它重见天日。

博物馆的外墙是浑然一体的感觉，展馆的内部序列由庭院串起来，结构更加松散、开放。展馆中庭的墙面也和外部的石灰华墙面差不多，大块的剁斧石随机置入，它的粗粝带来了尺度感，也提醒人们——石材采挖自地底深处。这些剁斧石里还带有树叶化石和小动物化石，有800万年至1000万年的历史。

第一次去卡洛·马里奥蒂在罗马附近的石灰华采石场时，看到很多奇形怪状的化石被丢在那儿，我跟卡洛要了一块，说好了用他的名字命名，嵌在第二展馆水池侧面的石灰华墙上。从那

在博物馆的每一层，参观之后都可以在户外的庭院或台地小坐、休憩

二层的通道连接临时展厅和博物馆入口的圆厅，后者是博物馆庭院的视觉焦点

[上] 从博物馆到行政楼的人行通道，再由一条有顶长廊通到保护研究所
[下] 室外旋转楼梯顶盖
[右页] 保护研究所的庭院是盖蒂员工们的室外休闲空间

盖蒂信托行政楼和保护研究所由全顶和半顶的通道连接
[右页上]行政楼、保护研究所通往博物馆的双层连廊
[右页下]行政楼局部立面

平台、凉廊、遮阳板、楼梯、人行通道和花园共同形成了北侧和西侧室外空间的特色

餐厅/咖啡厅的平台可以看到圣塔莫尼卡山的壮丽景色

从保护研究所的办公室和研究室可以看到环形的庭院和天窗，天窗下面是研究阅览室

[左页] 坡道围着庭院，提供了室内通道，还能看到花园和更远的地方

从场地北端的直升机停机坪俯瞰礼堂和办公楼

墙面上一块特别的石头，在盖蒂中心的不同地点还嵌有几块

以后，我沉迷于这个游戏，把一块块这样的石头插到各处的立面上，秘密地纪念卡洛的妻子、儿子和家人，接着是盖蒂团队的某位核心成员。这是一种杜尚式的谜题，石头上没刻铭文，图纸上才有名字，只有我和我的同事知道哪块石头用来纪念谁。这些石头镶嵌的位置与视线平齐或者低于视线，用它们微妙的对比来强化人们对材料的感受。

穿行在博物馆中，处处都能体会到惊喜。我最喜欢三馆和四馆之间的一个地方，那里有扇门通到一个俯瞰博物馆南角的平台。这里有整个综合体最壮阔的远眺景观之一，从大海到城市，再到贝尔艾尔，近乎180° 的大全景。天气晴朗的话，可以一直看到圣地亚哥。出于对布伦特

教育研究和保护研究部门的办公室，可以看出每个办公室的室内设计都是根据其项目需求专门定制的

[上]餐饮服务楼里的自助餐厅，室外露台和遮阳凉亭朝着北面的圣塔莫尼卡山
[下]礼堂内投影屏两侧的带金属框的玻璃屏风可以转动，以微调声响效果

伍德居民隐私的尊重，游客不能进入南岬角的仙人掌花园，那里巨石丛生，博物馆在这个角落仿佛被锚固在山脊上。可惜游客们没法儿走到山脊那端去继续体会博物馆之旅，因为布伦特伍德的业主协会认为那样会侵犯他们的隐私。在早期设计过程中，有位居民代表担心游客会看到她的游泳池，看到她裸体日光浴。我们邀请她到南岬角上，请她指出她家在哪里，她在茂密的树林中找了一会儿，想确定她家和泳池的准确位置，但没找到，于是恼羞成怒地嚷起来："好吧，我找不着！但我知道就在那边的什么地方。"

尽管早前人们就知道白色面板不能作为室外主材，但我还是这里那里地加入了一些纯白色的元素：到达电车站的悬挑雨篷、相邻的圆柱形电梯、博物馆入口圆厅、保护研究所庭院四周，以及每座公共建筑主入口的悬挑雨篷。灰白色的墙板明显带有一种接近石头颜色的赭色，比纯白色看起来更舒服。随着时间的推移，阳光会将石灰华表面晒成较浅的颜色，但永远不会变成白色，颜色和材质都与灰白色的金属墙板不同。石材和灰白色金属墙板对阳光的反射效果也不同，每个小时都在变化，在夕阳的照射下更呈现出一种质朴的色调，我很喜欢。

记得那是1997年9月的一个周日午后，我站在北组团，发现那些建筑不再需要我了，这就像不得不承认孩子们已经长大了，只不过这次离开家的是我。每一位全身心投入工作的建筑师都知道分离的痛苦。项目完成之前，你掌控着一切，图纸确定了大致的结果，但直到最后一分钟，你仍然在调整细节，希望它们恰到好处，越到最后，细节越重要。然而，结束的时刻总会到来，你必须交出项目，项目就变成了“他们的”。你离开，这座建筑就有了自己的生命，你不能再控制它，你必须面对事实——从现在开始，人们只会根据你留下的东西来评判你。

这种复杂的感情触及建筑师的生命本质。在这个世界上走一遭，留下一座实物印记无疑是令人满足的。能够用积极的方式影响人们的生活，也让人感到由衷快乐。但是，只有乌托邦才会认定某种建筑是最好的，认定某种建筑一定能为世界增色。在城市背景下，建筑师的责任确实重大，因为他的风格确确实实会强加给建筑的使用者、参观者，即使这个方案是独立评审团选出来的。

1997年2月，我在美国建筑师协会发表金奖获奖演讲，提到了建筑师的社会责任，并相当书生气地强调了建筑师在解决经济和社会不公方面的责任——不能为所有社会阶层提供充足住房，这就是我们的失职。我提到，我们必须正视那些因贫困而被迫生活在肮脏环境中的人、那些被剥夺了基本人权的人。虽然建筑师不是政治家，也不是社会工作者，但我仍然相信，建筑师除了作为普通公民发挥政治作用外，还可以通过创造合适的城市空间来提升城市的宜居性。我还提到，如今“新建筑就只是个商品，与所在的社区、所处的地形毫无联系”，这种情况依然很普遍。我指出，有种新型的公共空间形式已经出现了，就是大型购物中心、政务中心和各种各样的体育设施。建筑学目前面临的挑战之一是塑造这些新空间，传达集体责任感，将其纳入城市体验的一环。最后我还提到持久性的问题，我们要创造高质量的作品，经久耐用，而不是让建筑行为沦为买卖。

忙着盖蒂中心建设最终细节工作的同时，我也开始把注意力转移到其他一些被忽视的项目上。1996年秋天，我们在一场有条件竞赛中获胜，在千禧年为罗马一个偏远地区的工薪阶层建造一座新教堂。1997年2月，我有幸在欧洲向教皇约翰·保罗二世（Pope John Paul II.）展示了方案。我还在波恩附近的罗兰塞克设计汉斯阿普博物馆，基地可以俯瞰莱茵河；在慕尼黑为西门子公司新总部制订一项长期发展规划；在美国，我们负责监督纽约州伊斯利普和亚利桑那州菲尼克斯的联邦法院建设。

盖蒂中心项目结束，在我的生活中留下了巨大的空白，其他任何项目都不能填补，肯定不能。项目落成后就要迎接各种赞扬或批评，我相信盖蒂中心没问题，也忍不住想到随着时间推移，这个作品会发生怎样的变化。在水土丰茂的加州，绿化

在阴冷的北方气候下，消防楼梯要有外围护结构，但此处的消防楼梯设计成开敞式的，为各部门员工提供便捷通道

保护研究所的露台和半圆形图书馆，向东俯瞰圣地亚哥高速公路和贝尔艾尔

研究所和餐厅/咖啡区可以共享露台和远处的山景

从入口大厅的弧形墙和柱状电梯塔之间，向西看保护研究所的花园

礼堂入口的雨篷，在天空的映衬下，形成醒目的剪影

保护研究所和博物馆的东侧立面，覆石材面层，犹如山顶的皇冠

盖蒂中心的露台、楼梯、遮阳板和阳台不仅联系起各栋建筑，还是景观和建筑之间的视觉过渡

植被会慢慢调整、柔化盖蒂中心的轮廓。游客和工作人员很快就会对这里非常熟悉，并根据自己的需要对它进行调整。实际上，这些都已经开始了。我确信，盖蒂中心迟早会获得法国建筑大师奥古斯特·佩雷（Auguste Perret）所推崇的那种“平常感”——这房子好像天生就在那儿。当然，盖蒂中心成功与否，取决于公众的反应。虽然所有的文化机构都或多或少是精英主义的，但我们设计盖蒂博物馆的理念是在全球范围分享艺术，也会极大地丰富洛杉矶民众的生活。

除了这样的乐观，我还认为盖蒂中心这样的项目再难一遇。过去，像保罗·盖蒂这样把私人藏品遗赠给公众的例子并非罕见；如今，这种开明的传统在全世界都遭到机会主义的蚕食，人们对社会福祉的责任心渐渐淡化，民族文化认同和社会使命感岌岌可危。盖蒂博物馆所代表的慷慨、豁达的精神，恐怕将来会越来越稀罕。

在盖蒂中心各处，这样的“取景框”让人们注意到各个方向的绝美景观

熟悉当代建筑的人都知道，我的方式是改良而不是革命。我的作品根植于20世纪20年代末现代主义运动的英雄传统，只是在

建筑形式的发展上引入了新的元素。我希望大众看到我的作品对城市平衡的贡献，对空间、光线的把控，而不是搞些奇特的形式。

如今人们崇尚一夜成名，建筑师也不例外，可是建筑终究还是不留名的事业。就像我们这个时代的终极媒体艺术——电影一样，建筑无疑也是一种集体表达，也还跟中世纪的时候一样，消耗着大量的时间和人力。除了比别墅还小的房子，任何建筑都不可能由一个人独立完成，正是这一点使建筑艺术明确区别于绘画、雕塑等艺术形式。换句话说，如果不是无数的建筑师、工程师、技术人员、艺术家和工人们在这13年里与我并肩奋战，就没有今天的盖蒂中心。我对他们心存感激，无以为报。

当然，没有盖蒂信托，也就没有这一切。每个建筑师都知道，好客户比好建筑师还稀缺。在盖蒂中心从无到有的道路上，有哈罗德·威廉姆斯、史蒂芬·朗特里、 约翰·沃尔什，有迈克尔·帕拉迪诺和我，还有很多为项目操劳的人——从盖蒂基金会的工作人员，到工地上终日辛劳的工程人员，他们都以各自的方式为项目添砖加瓦，每个人都是盖蒂中心当之无愧的建设者。如此，足矣。